河北大学校史文化丛书编纂委员会

主　　　任：郭　健　康　乐
常务副主任：杨立海
副　主　任：王培光　申世刚　李金善　陈红军　徐建民
　　　　　　倪志宇　孟庆瑜　过常宝　巩志忠
秘　书　长：苏国伟

《河北大学风物志》编辑部

主　编：吕志毅　张秋山
副主编：张永刚

河北大学校史文化丛书

河北大学风物志

河北大学校史文化丛书编纂委员会　编

人民出版社

目 录

序 ··· 1

前 言 ·· 1

河北大学原天津校园简介（1921—1970） ············· 1
天津工商学院时期的校训、校旗、校徽、校歌和校花 ······ 4

河北大学原天津校区建筑 ································· 6
天津工商学院鸟瞰、建筑物及建筑物兴工日期表 ············ 6

天津工商学院、津沽大学校牌 ································· 7

本科大楼 ·· 8

预科大楼 ·· 10

女生部 ··· 12

校长楼 ··· 13

运动场 ··· 14

图书馆 ··· 15

工商附中大楼 ··· 16

学生宿舍 ·· 17

  校园内日规 ·· 18
  北疆博物院 ·· 19
  神甫院、假山洞、大饭厅建筑 ·································· 22

河北大学天津留守处 ·· 26

河北大学保定校园简介（1970—2021）················· 27
  河北大学新制定的校训、校风概语、校徽和校歌（2001）······· 28
  关于我校校训恢复为"实事求是"的通告 ······················ 29

河北大学校本部建筑 ·· 31
  校本部南北院建筑平面图 ·· 32
  教学主楼 ·· 33
  档案馆 ··· 35
  多功能馆 ·· 36
  南院旧图书馆 ·· 38
  校史馆 ··· 39
  南院图书馆新馆 ··· 45
  馆藏珍品选介 ·· 47
    校本部南院新图书馆馆藏《坤舆全图》···················· 47
    贝叶经 ·· 48
    明画院绘十八应真册 ······································· 49
    清钱泳批注"四书集注" ·································· 51
    朱邸赓酬册 ··· 51
    寒玉堂集 ·· 52
    秘阁元龟政要 ·· 53

· 2 ·

新安汪氏族谱 ……………………………………………………… 53

南院综合教学楼 ……………………………………………………… 54

文宗楼 ………………………………………………………………… 56

文苑楼 ………………………………………………………………… 56

文德楼 ………………………………………………………………… 57

文林楼 ………………………………………………………………… 58

国际交流与教育学院楼 ……………………………………………… 59

南院体育馆 …………………………………………………………… 60

南院运动场 …………………………………………………………… 60

南院篮球、排球场 …………………………………………………… 62

校本部北院校门 ……………………………………………………… 62

博学楼 ………………………………………………………………… 63

博物馆 ………………………………………………………………… 65

馆藏珍品选介 ………………………………………………………… 66

  甲骨文 …………………………………………………………… 66

  粉彩转心瓶 ……………………………………………………… 66

  三彩骆驼俑 ……………………………………………………… 67

  青铜斝 …………………………………………………………… 67

科研实验楼 …………………………………………………………… 68

教育部重点实验室新楼——药物化学与分子诊断实验新楼 ……… 69

竞学楼 ………………………………………………………………… 71

奋学楼 ………………………………………………………………… 71

通学楼 ………………………………………………………………… 72

笃学楼 ………………………………………………………………… 73

敏学楼 ………………………………………………………………… 73

劝学楼 ………………………………………………………………… 74

  悦学楼 ·· 75

  校医院楼 ·· 75

  北院运动场 ······································ 76

河北大学新校区建筑（2001—2021） ·········· 78

  河北大学科技教育园区规划设计图 ········ 80

  河北大学新校区大门 ···························· 81

  河北大学图书馆 ·································· 83

  新校区综合教学楼（A1、A2、A3）······· 88

  新校区综合教学楼（A4、A5、A6）······· 92

  新校区文科综合办公楼（B1、B2）········ 95

  新校区计算中心和公外实验楼（B3）····· 98

  新校区文科综合实验楼和外语学院楼（B4、B5）······ 100

  新校区理工学院1号和2号楼（C1、C2）······ 103

  新校区理科基础实验楼（C3）··············· 106

  新校区质量技术监督学院教学楼（C4）······ 108

  新校区中央兰开夏传媒与创意学院教学楼（C5）······ 110

  新校区艺术学院南北楼和学生活动中心（C6）······ 112

  艺术学院艺术展室选介 ························ 115

    燕下都瓦当艺术展室 ····················· 115

    陈文增定瓷艺术展室 ····················· 117

    中国历代名家仿真书画作品陈列室······ 119

    旭宇艺术馆 ·································· 123

  新校区邯郸音乐厅（C6）······················ 126

  新校区综合实验楼（D1-D4）················ 128

  新校区国家工程实验室楼（D5-D6）······ 131

游泳馆、多功能馆及风雨操场 ………………………………………… 133
新校区河北大学出版社（C6） …………………………………………… 135
新校区河北大学健康体检中心（C6） …………………………………… 136
新校区容大足球场 ………………………………………………………… 136

河北大学医学部、河北大学附属医院建筑 …………………………… 138

医学部大门 ………………………………………………………………… 139
医学部教学实验楼 ………………………………………………………… 139
医学部行政办公楼 ………………………………………………………… 141
医学部净心楼 ……………………………………………………………… 142
医学部求真楼 ……………………………………………………………… 142
医学部精诚楼 ……………………………………………………………… 143
医学部运动场 ……………………………………………………………… 144
河北大学附属医院 ………………………………………………………… 144
附属医院1号楼 …………………………………………………………… 145
附属医院1号楼门诊大厅 ………………………………………………… 146
附属医院新内科楼 ………………………………………………………… 146
附属医院放射治疗大厅 …………………………………………………… 147
附属医院肿瘤外科大楼 …………………………………………………… 148

河北大学师生住宅建筑 …………………………………………………… 149

紫园小区 …………………………………………………………………… 150
校本部南院留学生公寓 …………………………………………………… 150
校本部南院青年教师公寓 ………………………………………………… 151
校本部南院竹园学生公寓 ………………………………………………… 152
校本部南院硕园学生公寓楼 ……………………………………………… 152

校本部南院回民食堂	154
校本部南院学生浴池	155
校本部北院馨园学生公寓	155
校本部北院沁园学生公寓	156
校本部北院芳园学生公寓	157
校本部北院茗园学生公寓	157
校本部北院学生食堂	158
新校区坤舆生活园区	159
河北大学新校区坤舆生活园区规划方案图	160
新校区坤舆生活园区厚泽楼学生公寓	160
新校区坤舆生活园区综合服务楼	161

校园雕塑及其他造型 163

校本部南院迎门巨石	164
新校区大门内巨石	164
校本部南院旧图书馆广场祖冲之石雕像	165
校本部南院爱因斯坦石雕像	166
校本部南院方形浮雕柱	166
新校区图书馆前孔子铜像	167
新校区大门内怪石	167
新校区艺术学院门外一侧田家炳先生石雕像	168
新校区《母与子》复制石雕像	169
新校区教学楼间小品造型	170
校本部北院花园内女教师石雕	170
新校区坤舆生活园区西北门内铜铸坤舆图	171
校本部南院毓秀园北口大理石雕"琢"	171

校本部南院综合楼南侧大理石雕 173
校本部南院新图书馆大门廊下浮雕 174
校本部南院毓秀园西门内雕有"毓秀"二字怪石 175
校本部南院西北角广场内不锈钢地球仪 176

校园风景 177
校本部南院景区——毓秀园 177
校本部南院教师宿舍花园 184
新校区科教园区景观 185
新校区坤舆生活园区景观 188
医学部林荫大道 192
附属医院景观 193

序

　　河北大学是教育部与河北省人民政府"部省合建"高校,也是河北省重点支持的国家一流大学建设一层次高校。

　　学校始建于1921年,初名天津工商大学,校址位于天津市马场道141号。1933年,学校立案于教育部却因不足大学之规模,遂改名天津工商学院,1948年学校具备3院10系之规模,更名为私立津沽大学。1951年,中央人民政府接收津沽大学并改为国立,由天津市人民政府领导;私立达仁学院并入津沽大学。1952年,中央人民政府对全国高校布局及院系进行调整,津沽大学的工学院、财经学院分别并入天津大学和南开大学;以津沽大学师范学院为基础,天津教师学院并入,在原址建成天津师范学院。1958年,河北天津师范学院的政治、外语、教育三系调入天津师范学院,天津师范学院扩建为天津师范大学,由河北省人民政府领导;其后被确定为全省5所重点大学之一。1960年,天津师范大学改建为综合性大学并定名为河北大学。1970年,河北大学由天津迁至国家历史文化名城——河北省保定市。2000年,河北省技术监督学校并入河北大学。2005年,河北省职工医学院及其附属医院并入河北大学。

　　到2021年8月,河北大学占地总面积为1620213.45平方米,建筑总面积为1495263平方米,皆含保定市五四路校区、七一路校区和裕华

路校区等。学校设有一级学科博士点 17 个，一级学科硕士点 47 个，硕士专业学位授权类别 33 种，95 个本科专业。学科专业分布在哲学、经济学、法学、教育学、文学、历史学、理学、工学、农学、医学、管理学、艺术学 12 大门类，是全国学科门类设置最齐全的高校之一。

2000 年，河北大学开始对教学和科研机构进行改革，推行学院制度，实行校、院两级管理体制。随着学校改革发展不断深化，当初某些单位名称、建制有所变化，这是事物发展的必然。到 2021 年夏，河北大学教学及科研机构设置情况分列如下：一、教学机构：文学院、历史学院、新闻传播学院、经济学院、管理学院、外国语学院、教育学院、法学院、哲学与社会学学院、艺术学院、数学与信息科学学院 / 大学数学教研部，网络空间安全与计算机学院、药学院、生命科学学院、电子信息工程学院、建筑工程学院、公共卫生学院、中医学院、国际交流与教育学院 / 孔子学院工作中心、质量技术监督学院、临床医学院、基础医学院、护理学院、中央兰开夏传媒与创意学院、国际学院、生态环境学院（筹）、党委研究生工作部 / 研究生院、继续教育学院、工商学院（独立学院）、马克思主义学院、公共外语教学部、体育教学部、计算机教学部。二、科研机构：教育部省属高校人文社会科学重点研究基地、河北大学宋史研究中心、河北大学药物化学与分子诊断 / 教育部重点实验室、河北省生物工程技术研究中心、雄安新区研究院、燕赵文化高等研究院、生命科学与绿色发展研究院等。

学校现有全日制本科生、研究生等各类在籍学生约 42000 人，其中，全日制博士、硕士研究生 7000 余人，全日制本科生约 28000 人。现有教职员工 3400 人，其中，专任教师 2060 人，具有博士学位教师达到 60%；拥有两院院士、国家杰青、"万人计划"、国家级教学名师、国家"百千万人才工程"人选、国家有突出贡献中青年专家、国务院特殊津贴专家等国家级优秀人才 37 人次，燕赵学者、省管优秀专家等省部级以上高层次人才204人次。

学校办学实力雄厚，设有国家重点（培育）学科1个、河北省世界一流学科建设项目3个，河北省国家一流学科建设项目4个、河北省国家重点学科培育项目3个、河北省强势特色学科4个、河北省重点学科18个，博士后科研流动站11个和博士后科研工作站1个；建有国家地方联合工程实验室3个，教育部重点实验室1个，省级重点实验室（基地）、工程实验室27个，教育部人文社科重点研究基地等省部级人文社科重点研究基地（中心）20个，河北省"2011"协同创新中心4个，省部共建协同创新中心1个，与央企共建重点实验室2个；拥有实验教学示范中心、特色专业等国家级"质量工程"项目14个，专业综合改革试点、卓越人才培养计划、大学生实践教育基地等国家级"本科教学工程"项目12个，国家级一流本科专业建设点24个、一流本科课程13门，国家级课程思政示范课程3门，国家级"新工科"项目4项、"新文科"项目5项。学校还是国家大学生文化素质教育基地、国家专业技术人员继续教育基地和中国延安精神教育基地。

学校坚持开放办学，先后与世界上100多所高校建立起合作交流关系，设有教育部批准的中外合作办学机构——河北大学－中央兰开夏传媒与创意学院，在俄罗斯、马来西亚等国家设有汉语教学中心，承办了巴西里约热内卢天主教大学孔子学院、毛里塔尼亚努瓦克肖特大学孔子学院、马来西亚彭亨大学孔子学院，构筑了覆盖学士、硕士、博士的留学生人才培养体系，为90多个国家、地区培养长短期留学生4000余名。是"教育部留学出国人员培训与研究中心"试点高校、河北省首家具有接收中国政府奖学金生资格的高校，以及河北省首家入选国务院侨办"华文教育基地"的高校。

河北大学百年的发展历程，凝聚形成了"实事求是"的校训传统，其"博学、求真、惟恒、创新"的校风精神，激励着一代又一代河大人

开拓进取、奋勇前行。党的十八大以来，学校遵照习近平总书记关于办好高等教育的一系列重要思想，坚持把立德树人作为学校立身之本，在人才培养、科学研究、社会服务、文化传承创新、国际交流合作等方面取得了优异成绩。党的十九大以来，河北大学高举习近平新时代中国特色社会主义思想伟大旗帜，深入领会精神，采取有力措施，将这一伟大思想贯彻落实到办学治校的各项具体工作中去，为学校发展集聚了更加强劲的力量。

校史文化是学校文化建设的重要组成部分，是真实记录、展示学校创建、发展、演变的文化传承载体。在百年的办学过程中，河北大学涌现出一大批忠诚教育事业的专家学者，产生了一大批大师级人物；培养了40余万名优秀学子，为国家的政治、经济、文化、社会建设做出了应有的贡献。一代代河大人积淀形成的热爱祖国、崇尚科学、艰苦奋斗、开放包容的精神品质，已经内化为学校特有的文化内涵，激励着越来越多的河大人为实现强校梦想而不懈奋斗。

在学校党委的高度重视下，党委宣传部重点打造校史文化工程，推出"河北大学校史文化丛书"。这套丛书包括《河北大学人物志》《河北大学校友名典》《河北大学图志》和《河北大学风物志》等。该丛书的出版，旨在以校史文化建设为抓手，进一步丰富完善河北大学文化建设体系，进一步凝聚全校师生和海内外校友的精神认同，激发全体河大人的爱校荣校意识，从而为学校发展提供强大精神动力。在河北大学百年华诞之际，谨以这套校史文化丛书作为祝贺河北大学建校 100 周年的厚礼！

吕志毅
2021 年 10 月

前　言

《河北大学风物志》一书，依据河北大学自身特点，以图文并重的形式，集校园建筑风貌、校园雕塑和校园风景等方面内容，裒辑为一书，从一个侧面透视出河北大学办学道路曲折发展的艰苦历程，同时也反映出学校发奋图强、积极向上、努力营造优质校园环境的创新精神。

优雅的校园环境，既是名师宿儒播洒睿智之光之所，又是培育社会栋梁之才的理想之地。河北大学风物，洋洋大观，斗转星移，日异月新，对师生们的素质、人格、志节和情操产生深远影响，意义重大。因此，编写一部与校园历史环境有着密切关系的《河北大学风物志》，是建设双一流大学所不可或缺的一项内容。

河北大学前身——天津工商大学，于1921年在天津马场道清鸣台由法国耶稣会士所创建（今天津外国语大学所在地），这里奠定了河北大学育人环境之基础。由于众所周知的原因，1970年河大迁址河北省保定市五四东路，即河大校本部南北两个大院，从而重辟新址，其艰难可以想见。2001年，河北大学在保定七一东路原华北工业城建设占地1500亩的新校区，经过20年的发展，新校区高楼林立，成为全省高校建设的示范园区；2005年，坐落在保定市裕华东路的河北职工医学院及其附属医院并入河北大学。到2021年，河北大学总占地面积为1620213.45平方米，总建筑面积为1495263平方米。

　　本书以学校建筑为主体，兼及校园雕塑及其他造型和校园主要展馆及风景等内涵。有关文字及其图片，足以反映学校校园环境、人文历史发展演变的基本轨迹，对于河大在校师生及校友、来访宾客及参观者、有志报考河北大学的学生及社会青年等系统了解河大环境现状颇有助益。

　　书中各种图片，大部分由校党委宣传部新闻中心郭占欣老师提供；航拍图片全部由新闻中心李瑶老师提供；部分图片来自学校档案馆、校史馆、博物馆、图书馆和艺术学院及其网页；附属医院党办室王枫老师提供了有关附属医院照片。此外，在校学生、摄影爱好者刘海天、裴晓磊、李卫鹏、杨志刚等同学提供了部分图片，其中以刘海天同学拍摄最多，例如新校区科教园区诸大楼内景，以及医学部、附属医院大部分照片等；裴晓磊同学主要拍摄了校本部南北院建筑、风景、雕塑多张；李卫鹏、杨志刚等同学主要拍摄了新校区科技园区和坤舆园生活区不少建筑及景物等。

　　书中各图片说明文字来自多方面支持：校本部南北院主要建筑物、绿地以及学校迁保后至 2021 年 6 月，学校总占地及主要建筑介绍等文字及数据等，由学校校园管理处张思齐女士提供；到 2017 年 6 月，新校区主要建筑物占地及各建筑面积、总占地、总建筑面积（含科教园区及坤舆园生活区）全部文字、数据等均由新校区管理处李永强先生提供；2017 年以后至 2021 年 8 月，新校区 C5 兰开夏传媒与创意学院楼，D 座全部教学楼，新校区游泳馆、风雨操场，以及校本部南院硕园学生公寓等建筑物文字说明及图片除署名者外，由学校基建处王慧老师提供；河北大学占地总面积及学校总建筑面积数字由学校后勤管理处刘浩先生提供；医学部建筑物文字及数据分别由刘月起先生及医学部资产机构同仁提供；附属医院主要建筑物文字、数据由王枫先生提供。有关天津校区建筑照片及其文字、数据，大多源于《河北大学史（2001 年版）》，照片大多由郭占欣老师拍摄，个别图片使用了天津外国语大学拍摄的图片。党委宣传部张永刚先生，文学院刘少坤先生、王二军老师，校办郑保平主任、王炀老师，校园管理处刘小川处长，网络空间安全与计算机学院陈京辉书记，艺术学院刘宗超院长、李明银老师，档案馆赵林涛馆长、耿强老师，博物馆李文龙副馆长，图书馆张如意馆长、崔广社老师、马秀娟老师，老干部管理中心张川主任、赵鑫老师等对此书编纂工作给予了大力支持。在此，谨向他们致以衷心感谢。此书还参考并采用了《河北大学史（2001—2010）》和《河北大学馆藏珍品集萃》中的图片、数据和文字。限于水平，书中疏漏、不当之处在所难免，敬请批评指正。

编　者

河北大学原天津校园简介（1921—1970）

天津工商大学是经罗马教廷批准，于1921年由法国来华的耶稣会士创建的一所教会大学。

19世纪后半叶，教廷在清朝直隶省设有三个教区：以北京为中心的直隶北部教区（含天津），以正定为中心的直隶西南教区和以献县为中心的直隶东南教区，前两个教区由遣使会管理，后者则由耶稣会士管理。由于耶稣会有比较深厚的重视科学技术和文化教育的传统，罗马教廷和法国政府把在中国兴办高等教育的任务交给耶稣会，显然是一项明智的选择。由于献县教区没有兴办大学的理想之地，而天津作为兴办大学的首选，却受控于遣使会的管理之下，为此两个修会之间展开了长期的争斗。直至1920年12月8日，事情终究有了转机，当时负责天津教区的宗座总理文贵宾与直隶东南教区代牧刘钦明在天津达成协议，允诺耶稣会士在天津办学。

1921年1月14日，罗马教廷正式批准刘钦明在天津办学。7月21日，直隶东南教区声明于溥泽（法籍）神甫为天津所开办大学的代理院长，并任耶稣会天津会院代理院长，负责筹备建校事宜。7月25日，于溥泽等人抵津，选定天津马场道清鸣台旷地100余亩为大学校址。其后，陆续购买学校周边土地，使校园占地面积逐渐扩大。起初，耶稣会将该校命名为天津农工商大学，复定名为天津工商大学。1933年，学

校向国民政府备案时，因科系数量不够三院九系的大学规模，遂改名为天津工商学院。1948 年，学校科系达到三院十系规模，学校更名私立津沽大学。1951 年 9 月改为国立津沽大学。1952 年全国高校院系调整，津沽大学工、商两院调出，学校以津沽大学师范学院为基础，在原校址改建为天津师范学院。1958 年，河北省省会迁天津。同年，省教育厅将该院扩建为天津师范大学。1960 年，河北省委决定将该校改建为综合性大学，定名为河北大学。1970 年，河北大学由天津迁往河北省保定市五四东路今址。原河北大学天津校址由政府划拨天津市管理。河北大学天津留守处（马场道 74 号院）仍为河北大学资产。

　　坐落于天津马场道 141 号（今 117 号）院内的天津工商大学，其主要建筑在 20 世纪二三十年代基本完成，以此奠定了工商大学及其以后的工商学院、津沽大学、天津师院、天津师大和河北大学在津校址的建筑格局。校园内标志性建筑——工商大楼采用了 16 世纪"文艺复兴时代"造型，大楼中央采用法国蒙沙屋顶，并镶嵌有大钟，为天津市著名建筑之一，具有很高的艺术价值。2013 年 3 月，国务院公布该大楼为全国重点保护单位。此外，校园内预科大楼、工商附中大楼、学生宿舍、运动场、北疆博物院等建筑布局严谨，庄重和谐，建筑风格多元，人文荟萃，著名专家学者云集校园之中，为中西文化交流的重要平台和造就高级人才的理想之地。止于新中国成立前夕，全校总建筑面积为 22161.24 平方米。1950 年增加建筑面积 5556.47 平方米。1951 年建成八、九宿舍，建筑面积为 839.4 平方米。1952 年建成饭厅等，建筑面积 559.96 平方米。到 1952 年 8 月，学校建筑面积增至 29117.07 平方米。

　　1952 年，除在校内增加建筑面积之外，还在马场道、重庆道、大理道、成都道、徐州道等地买房租房。至 1954 年，全校占地面积为 140.347 亩，校舍总面积 33138.49 平方米。1956 年，先后在校园内建成建设、青年、幸福、劳动四个宿舍楼，还有第三课室楼、厨工宿舍等，校园内已无发展余地。同年，天津市将原工农速成中学拨来作为分校，地处八里台，占地104亩。八里台校区内原有校舍总建筑面积10659平方米。之后，又于新华区、河西区等地另购宿舍七处。到1957年，天津师院占地总面积为224.637亩，其中本院140.487亩，分院104.15亩。建筑总面积为71125.88平方米。

天津师大时期，由于学校规模扩大，学校建筑规模必须与之相适应。为此，于1959年5月18日，天津市委决定师大在六里台建校，共拨地1280亩。由于1960年经济困难，实际建校舍占地150亩，其余土地由天津市建委收回退耕。同时，将学校八里台西院移交天津师范专科学校。

河北大学在天津时期，时值三年困难时期，中央三令五申，禁止楼堂馆舍建设。1961年底，建筑面积5800平方米的课室楼主体工程完成，下马缓建。到1964年全校校舍总建筑面积为80120.02平方米，分为三处（河西区马场道52528.01平方米，南开区六里台21632.84平方米，西湖村5959.17平方米）。学校迁址保定前，在津校舍面积总计为105454.97平方米。

天津工商学院时期的校训、校旗、校徽、校歌和校花

校花（玉簪花）

（选自《天津工商学院 1940 班毕业纪念册》）

校 徽

（选自《天津工商学院 1937 班毕业纪念册》）

校 旗

（选自《天津工商学院 1940 班毕业纪念册》）

校 训

（选自《天津工商学院 1937 班毕业纪念册》）

河北大学原天津校园简介（1921—1970） 风物志

校 歌
（选自《天津工商学院1937班毕业纪念册》）

校 歌
（选自《天津工商学院1943班毕业纪念册》）

河北大学原天津校区建筑

天津工商学院鸟瞰、建筑物及建筑物兴工日期表

河北大学前身——天津工商大学鸟瞰
(选自《天津工商大学 1930 班毕业纪念册》)

河北大学原天津校区建筑 ●·················风物志

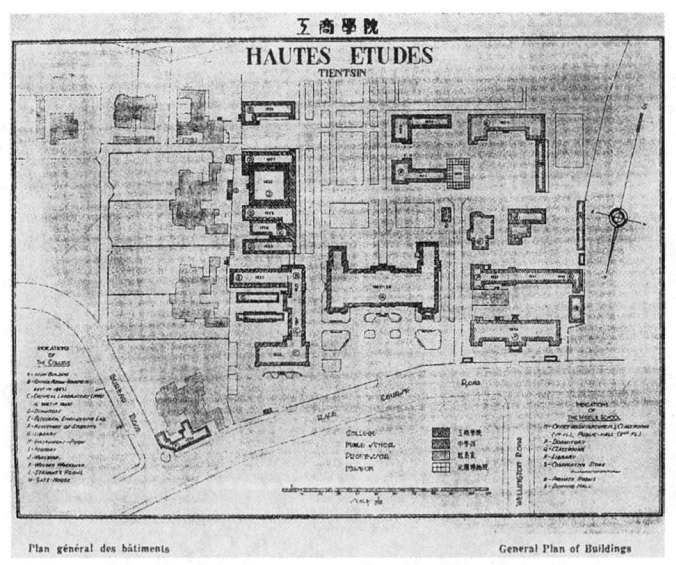

学院建筑之全图及各建筑物兴工日期表
（选自《天津工商学院一览》1941）

天津工商学院、津沽大学校牌

河北大学前身——天津工商学院校牌
（选自《天津工商学院1940班毕业纪念册》）

河北大学前身——私立津沽大学校门及校牌

(选自《津沽大学 1949 班毕业纪念册》)

本科大楼

　　本科大楼为学校的主体建筑，位于学校北部面向马场道。为建筑这座大楼，校长和咨议员们整整规划了一年。按照合同，1924 年 10 月 1 日开始动工，1925 年 9 月交工，因直奉战争，实际延至 1926 年 11 月才告竣。由永和建筑公司承办，设计蓝图由意大利工程师 M.Sirk 绘制，并于 1924 年 8 月 15 日由罗马耶稣会会长批准。大楼耗资 30 万美元，高 26 米，长 61 米，宽 31 米，共 3 层（不含地下层），建筑面积 4917 平方米，建筑平面呈"工"字形。除去墙用砖建筑外，其余如柱、廊窗等全用水泥建筑，防火性能强。因建筑面积太大，如用普通地基容易压陷，于是，特掘了 111 个深井，井四周筑以铁筋和水泥的围墙。这样的地基，犹如钢铁一般。

大楼采用了16世纪"文艺复兴时代"造型，中央采用法国蒙沙屋顶，是古典的新折衷主义形式。在庄严之中富有美丽色彩，为华北一大著名建筑，具有很高的美术价值，受到《华北明星报》的好评。楼内部分为图书馆、办公室、工商两科教室、统计室、商品陈列馆、大图画室、物理化验室、电气试验室、礼堂等。大楼地下层有工业品陈列所、测绘室、机器材料实验室、发动机室等。室内装潢典雅，门厅、大厅、内走道地面均用彩色马赛克图案，教室、办公室为人字木地板，其他均为混凝土轧花预制块地面。大楼西翼为小教堂，有三层高。教堂内无柱廊，底部有祭坛，其上有半圆穹顶，并有精美壁画。1927年7月，标准大钟安装在本科大楼之上，成为学校主体建筑的标志。2013年3月国务院公布该大楼为全国重点文物保护单位。

本科大楼（郭占欣　摄）

本科大楼中央采用法国蒙沙式屋顶，正中镶嵌有大钟（李瑶 航拍）

预科大楼

1922年10月7日开始建造预科大楼，至1923年9月竣工，耗资

预科大楼

（选自天津外国语大学党委宣传部编：《1921—1948 天津工商大学时期校园主要建筑》，2016）

预科大楼侧影（郭占欣 摄）

预科大楼（办公楼）会客厅，墙壁正中悬挂着南怀仁亲手绘制的巨幅《坤舆全图》
（选自《天津工商学院 1939 班毕业纪念册》）

10多万元。规模宏大，建筑华贵。共分2个部分：其一为学生宿舍，坐西向东，在南部两层，有游廊，共有4斋，楼上下各2斋，每斋有5个宿舍，每宿舍可住4名学生，每斋内有厕所、洗漱室，有气炉通风；其二为课室、接待室、校长办公室（后改为学监办公室），在北部有化学试验室。这座大楼后来改为办公大楼。①

女生部

天津工商学院女院女生部
（选自《天津工商学院女子文学系成立纪念专刊》1943）

① 略据《河北大学史》编纂委员会编：《河北大学史》，河北大学出版社2001年版。

1943年，天津工商学院女子文学系成立并开始招生，时接耶稣会代理总长函，详陈男女两院分立之种种便利，于是寻觅独立之校址，最终租赁香港道圣功学校校园。该建筑巍然，勘与工商大学本科大楼媲美。①

校长楼

天津工商大学校长楼

（选自《天津工商大学1930班毕业纪念册》）

---

① 略据《河北大学史》编纂委员会编：《河北大学史》，河北大学出版社2001年版。

运动场

体育场有室内游艺室 1 个，露天网球场 3 个，篮球场 2 个，足球场 1 个，跑道 1 个，操场 1 个，另有教员住室 3 座。

天津工商学院运动场鸟瞰

（选自《天津工商学院 1937 班毕业纪念册》）

天津工商学院体育场全景之鸟瞰

（选自《天津工商学院一览》1935）

图书馆

　　图书馆落成于 1926 年 11 月 11 日。全馆分为二部分：藏书室居地下层，共有 4 间，长 17 米，宽 10 米，可容书籍 5 万册；地上层有教员及学生阅览室各一个。学生阅览室之长宽，一如地下层之藏书室，能容 100 余人，书籍数千册。介于教员及学生阅览室之间是报章及杂志阅览室，长 13 米，宽 7.5 米。藏书室内，在每两行书架顶上，设立活动电灯一个，可滑动于二条平挂之电线上，高低前后自如。是故随时随处，都可阅书。馆内还备有电力吸尘器，在当时颇为先进。此外，还有

图书馆建筑（在本科大楼内）
（选自《天津工商学院 1937 班毕业纪念册》）

专门为教员而设的图书馆。在北疆博物院内又有一藏书丰富的科学图书馆。①

天津工商学院图书馆阅览室

（选自《天津工商学院 1937 班毕业纪念册》）

工商附中大楼

天津工商学院附属中学，1928 年 5 月 27 日在本院西侧购买马场道附近空地，为中学部校址。1929 年中学部教员室建成。1930 年中学部南楼中段动工，为初中部校舍；1931 年增筑南院西段及学生饭厅。1934

---

① 略据《河北大学史》编纂委员会编：《河北大学史》，河北大学出版社 2001 年版。

工商附中大楼

（选自《工商学院一览》1937）

年3月，中学部北楼全部落成。1939年7月至10月建筑中学南楼东段。此校舍长达51米，三层，在三层楼上还设有宽大的圣堂。①

学生宿舍

学生宿舍共为四楼，位于预科大楼南部。1922年8月23日第一、二宿舍奠基；1927年5月建第三宿舍；1932年3月第四宿舍落成。前三楼共分二层，后一楼为三层，全部坐西向东，有游廊与各楼联系。每层有宿舍6间，每宿舍长6.5米，宽4米，住4名学生。室内光线充足，

---

① 略据《河北大学史》编纂委员会编：《河北大学史》，河北大学出版社2001年版。

学生宿舍建筑

(选自《工商学院一览》1941)

空气流通。后一楼室内添设物架板，另设厕所、洗漱室。冬有气炉，温度适宜。各楼基础皆为钢筋混凝土构成，甚为坚固。宿舍楼建筑蓝图由学校 Cuillet 教授绘制，由永和公司承建。①

校园内日规

天津工商学院 1941 年全体毕业同学合赠母校之纪念日规，立于学校校园内。该日规由当时工科三年级同学陈濯设计，式样美观。日规的测量，是由著名土木建筑工程大家高镜莹主任和邓华光教授指导而成，李林荫同学监造，日规为大理石料。②

---

① 略据《河北大学史》编纂委员会编：《河北大学史》，河北大学出版社 2001 年版。
② 略据《天津工商学院 1941 班毕业纪念册》。

日 规

(选自《天津工商学院 1941 班毕业纪念册》)

北疆博物院

北疆博物院是献县教区法国耶稣会在天津建立的专门科学研究机构，位于工商学院内，与工商学院互通互补，犹如一体。

北疆博物院（郭占欣 摄）

北疆博物院外景（郭占欣 摄）

河北大学原天津校区建筑 •⋯⋯⋯⋯ 风物志

位于天津工商学院院内的北疆博物院侧影
（选自《工商学院一览》1941）

北疆博物院内展厅，位于天津工商学院院内（郭占欣 摄）

·21·

院长为桑志华博士，法籍著名法国科学家德日进等在此进行科学研究，并在中国北部进行科学考察。1922年4月23日开始建筑北疆博物院大楼，9月23日告竣。该建筑由仪器公司承办，工程师Mr.Binet精于建筑，完成后颇得佳评。全楼共分3层，内设3个实验室，2个陈列室。1923年冬又建西部宿舍，1924年冬季之前告竣。1925年在原址之旁大加扩充，另建一公共博物院。1929年北疆博物院新建南楼。①

北疆博物院展陈一瞥（郭占欣 摄）

神甫院、假山洞、大饭厅建筑

1924年3月19日开始建筑神甫楼（位于北疆博物院南楼西部），同年10月19日告竣。该楼分为两楼，各为2层，20个宿舍，有一小

---

① 略据《河北大学史》编纂委员会编：《河北大学史》，河北大学出版社2001年版。

花园围绕，非常雅静。该楼设计蓝图和建筑由远东宅基信用银行承办；假山洞建于 1948 年，供奉露德圣母像，假山洞于解放后拆毁。神甫花园亦于 1948 年建有园墙、大饭厅，建筑面积 559.96 平方米，1952 年建成。①

神甫院
（选自《天津工商学院 1940 班毕业纪念册》）

---

① 略据《河北大学史》编纂委员会编：《河北大学史》，河北大学出版社 2001 年版。

神甫楼

(选自天津外国语大学党委宣传部编:《1921—1948 天津工商大学时期校园主要建筑》,2016)

津沽大学工管系 1952 班同学于校内假山洞前合影(校友张志全 提供)

大饭厅（郭占欣　摄）

河北大学天津留守处

河北大学天津留守处位于天津市马场道74号院。①

河北大学天津留守处

(选自《河北大学史》编纂委员会编:《河北大学史》,河北大学出版社2001年版)

---

① 略据《河北大学史》编纂委员会编:《河北大学史》,河北大学出版社2001年版。

河北大学保定校园简介（1970—2021）

1970年河北大学由天津迁址于河北省保定市五四东路180号南北院今址，南院为428.55亩，北院为228.26亩。当初这里为原河北省委及其直属机关驻地，办学条件差。

1972年校园开始重建，1978年以后加大校园建设力度。1978—1999年21年间，教学楼、教学试验楼、高标准运动场、毓秀园花园等先后建成，2001年建成学校标志性建筑——教学主楼。此外建有多功能馆、博物馆、研究生教学楼、建工学院实验楼、国际合作处办公楼、综合教学楼、药物化学与分子诊断实验楼、科研实验楼以及学生公寓、食堂、超市、浴池等。截止到2017年6月，校本部南院建筑面积约14万平方米，北院约17万平方米。此外，又新征土地150余亩，建成紫园生活区等。

为适应学校发展，2002年，保定市政府决定将七一东路华北工业城1500余亩土地无偿划拨给河北大学用于新校区建设，截止到2017年6月，新校区科教园区建筑面积为260076.9平方米；新校区坤舆生活区建筑面积231883.9平方米。

为扩大办学规模，2005年，位于保定裕华东路的河北职工医学院及其附属医院并入河北大学，其面积计409.43亩。河北大学校园面积随之扩大，截止到2017年6月，医学部建筑面积为185671平方米，附

属医院为 170078 平方米。截止到 2021 年 8 月，河北大学校园总占地为 1620213.45 平方米，总建筑面积为 1495263 平方米。

河北大学迁保后，经过几十年的努力，校园环境得到很大改善，这里已经成为人才聚集、钟灵毓秀的理想办学之地，河北大学已是河北省人民政府和教育部、国家国防科技工业局分别共建的重点综合性大学，又是"部省合建"大学和河北省重点支持的国家一流大学建设一层次高校。

河北大学新制定的校训、校风概语、校徽和校歌（2001）

（校训、校风概语、校徽和校歌均选自《河北大学史》编纂委员会编：《河北大学史》，河北大学出版社 2001 年版）

关于我校校训恢复为"实事求是"的通告

针对校训精神对于大学内涵式发展的内在驱动作用和支撑力,满足我校广大师生、校友对"实事求是"精神崇尚和热爱的期待,学校有关部门组织专家学者广泛搜集校史资料,深入实地考察,征询意见建议,反复研究讨论并形成论证报告。2018年9月6日,校党委常委会研究决定,我校校训由"实事求是,笃学诚行"恢复为原校训"实事求是"。特此通告。

河北大学1921年创办于天津,初名"天津工商大学"。建校伊始,学校以工商立校,以科学为本,将中国传统治学精神与科学救国思潮相融合,奠定了学校崇尚科学、务实创新的精神基因。20个世纪30年代,在风云激荡、民族奋进的关键时期,学校总结十余年办学经验,凝练而成校训"实事求是"。近百年来,学校始终以实事求是之精神铸就实事求是之事业,成就了学校发展史上一个又一个辉煌时期。

"实事求是"既包含了追求真知的态度与精神,又有经世致用的情怀与行动,是求真与务实的结合,是认知与行动的统一。"实事求是"不仅内涵丰富,包容性、开创性强,符合我校综合性大学的特征和创建一流大学的气势和胸怀,而且与社会主义核心价值观品格相通,气韵相融,简洁凝练,意境深远。

大学校训植根于学校的历史传统,是大学立校的根基,是文化的基因,是思考的坐标,是一所大学的名片。建校至今,我校始终以"实事求是"作为校训的核心内容和表述方式,坚持"实事求是"的办学传统和精神,积淀了深厚的文化底蕴。

将校训恢复为"实事求是",既是我校尊重历史、传承精神的重大举措,也是我校凝聚力量、开启未来的恒久动力。学行并茂,民族中

坚,在创建一流大学的伟大征程中,"实事求是"的精神将永远激励一代又一代的河大人奋勇前行!

河北大学
2018 年 9 月 14 日

河北大学校本部建筑

1970年河北大学由天津迁址保定，正值"文化大革命"时期。当时学校接收的是位于今保定市五四东路180号原河北省委及其直属机构的南北两个大院，中隔一条马路，这是校本部之所在。南北大院内大部分是平房建筑，尚有几幢旧有的教学楼等，残破不堪，规划零乱，不足以满足师生员工的工作、学习和生活需要。其中南院占地428.55亩，北院占地228.26亩。1972年开始校园重建，1978年以后，校领导把基建工作提到重要议事日程，加大资金投入力度，校园建设大为改观，教学、科研、生活条件明显改善。20年间，学校新建面积23万多平方米，全校建筑面积31万平方米。平房危房全部拆除，1998年学校被省评为园林式单位。1978—1999年的21年间，建成中心试验楼、第九教学楼、南院新图书馆及教学试验楼共10座，建筑面积61072平方米，1998年底开始建设高标准运动场，1998年在南院建成毓秀园，绿化面积2万平方米。办学条件明显改善。

学校在超常发展建名校初期，校园建设规划进行了新的调整，并取得了初步成效，2001—2010是河大基建史上发展最快的时期。

2000年4月，南院高标准运动场建成，此为省内高校第一个塑胶场地，标准场地和看台等均属省内一流；2001年，在南院建成教学主楼，为学校标志性建筑，同年，在南院建成多功能馆；2004年，在北院建成博物馆和动物实验楼；2005年，在北院建成研究生教学楼；2006年，在北院建成建工学院实验楼；2008年，在南院建成国际合作处办公楼。2004年，新征地150余亩，2005年建成紫园生活区，容纳1000余户，教职工住房得到了一定改善。

此外，2012年9月，在南院建成综合教学楼；2013年4月，在北院建成药物化学与分子诊断实验楼；2016年8月，在北院建成科研实验楼等。

与此同时，学生公寓、食堂、超市、浴池等服务设施也相应推进，加大建设步伐。到2017年6月，南院建筑面积约14万平方米，北院建筑面积约17万平方米。

校本部南北院建筑平面图

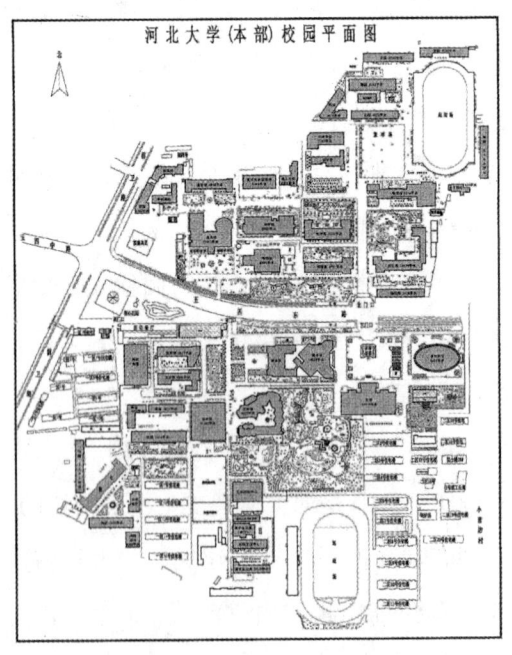

河北大学本部校园平面图

(资料源于河北大学校园管理处)

教学主楼

教学主楼——学校标志性建筑，位于保定市五四东路180号院。与校本部北院校门相对，中隔五四路。主楼坐落于河北大学南院，坐南朝北，正对学校大门。自1999年11月开始施工，2001年9月竣工。建筑面积26818平方米，框架结构，14层。投资6738.36万元，为国债贷款项目。重大设备全部采用招标方式，清除一切隐患。其中，中央空调选用美国"约克"公司设备，主机225万元，末端设备130万元，辅助设备80万元。增加消防自动喷淋、烟感温报警设置。设四部电梯，一律采用进口"蒂森"型号，价值250万元。主楼进行综合布线，微机管理，价值50万元。外装为铝塑板、花岗岩、玻璃幕墙、全磁面砖，庄重典雅，朴实大方，文化底蕴深厚，该建筑荣获鲁班奖。

学校党政机构在该楼办公。历史学院、教育学院、数学与计算机学

河北大学校本部教学主楼及南院大门（郭占欣 摄）

河北大学校本部南院教学主楼大厅内景之一(郭占欣 摄)

河北大学校本部南院教学主楼大厅内景之二(郭占欣 摄)

院、计算机教学部和宋史研究中心等在该楼办公。①

档案馆

  河北大学档案馆成立于 2006 年 12 月，前身是 1987 年成立的综合档案室（隶属于校长办公室）。档案馆现位于校本部南院教学主楼九层，此外在南院综合教学楼二层西部也为档案馆用房。

  馆内设有办公室和综合档案收集指导、综合档案保管利用、人事档案管理、信息技术、编研等 6 个部门。

  馆舍面积 1200 平方米，其中库房 1050 平方米、阅览室 100 平方米、办公室 50 平方米。配备有中央监控系统、自动报警喷淋防火系统、臭氧空气净化机、除湿机、防磁柜等现代化库房管理设备。

  现存河北大学及其前身天津工商大学至津沽大学时期、河北省保定工业管理学校、河北省质量技术监督学校、河北省职工医学院、保定市卫生学校等 5 个全宗，涉及党群、行政、教学、科研、基建、设备、外事、出版、财会、房产、声像、实物、专题等 13 个门类逾 10 万卷档案，同时管理着全校干部职工档案近 6000 卷。

  近年来，河北大学档案馆紧密围绕学校中心工作，在档案资源建设、数字化建设、制度建设、文化建设和提供利用等方面做了大量工作。曾被河北省档案局评为档案工作实绩突出单位。②

---

① 略据校园管理处张思齐提供资料。
② 略据档案馆赵林涛提供资料。

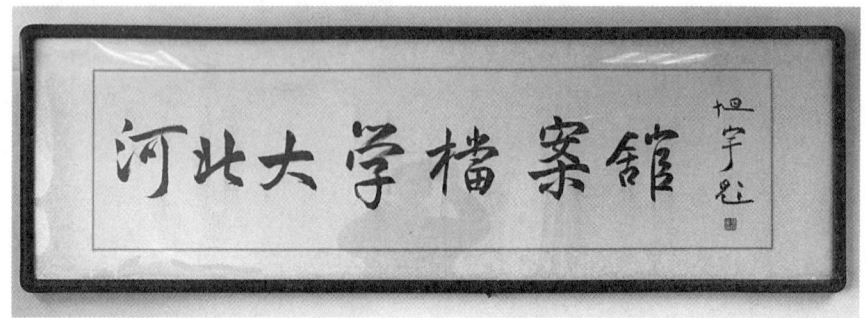

由河北大学校友、著名书法家旭宇题写馆名（耿强 摄）

河北大学档案馆库房（耿强 摄）

多功能馆

多功能馆位于河北大学南院东北部。2000年10月破土动工，2001年10月竣工。建筑面积8609平方米，它是集各项体育设施（标准篮球场、排球场）、文艺演出舞台、会议礼堂等多功能性质，可容纳2000余人。如作礼堂使用，可容纳3000余人。造价2600万元。[①]

多功能馆（郭占欣　摄）

多功能馆内景之一（郭占欣　摄）

[①]　略据校园管理处张思齐提供资料。

多功能馆内景之二（郭占欣 摄）

南院旧图书馆

坐落于学校本部南院的旧图书馆楼，是河北大学迁址保定后，学校于 1975 年建成使用的首个校级图书馆建筑。旧图书馆楼是仿照学校在天津时期的工商主楼，外形呈"工"字型的三层建筑，建筑面积 6058 米^2。①

---

① 略据党委宣传部王二军及校园管理处提供资料。

南院旧图书馆外景（郭占欣　摄）

校史馆

校史馆位于本部南院旧图书馆楼的二层，依照学校发展历史和原有建筑布局，分为南、中、北三个展厅及一个影像厅，展厅面积近千平方米。除展厅外还有接待室、研究室、资料室等。

校史馆于2017年1月由学校党委宣传部牵头开始筹建，在学校领导的亲切关怀和指导下，宣传部在考察其他高校校史馆、面向全校征集校史实物和资料、到有关档案馆查阅拍摄相关档案资料的基础上，组织相关学院及校内专家学者编撰文案，历时半年，数易其稿。经过相关部门的通力合作与设计施工单位暑假紧张的施工，校史馆于9月初完成施工，10月13日举行了隆重的开馆仪式，并正式投入使用。校史馆的建设经过半年多的论证、设计和施工，凝结了全校的智慧和汗水，传承了学校的文化精髓，彰显了学校的精神风貌。

校史馆用新颖独特的设计理念，通过文字、图片以及实物资料等多种形式展示了河北大学近百年的奋斗发展史。

校史馆南展厅为"工商时期"，时间为1921年至1948年，涵盖天津工商大学（1921—1933）、天津工商学院（1933—1948）两个阶段。

中厅为"津沽大学和师范时期"，时间为1948年至1960年，涵盖私立津沽大学（1948—1951）、国立津沽大学（1951—1952）、天津师范学院（1952—1958）及天津师范大学（1958—1960）四个阶段。

北厅为"河北大学时期"，时间为1960年至2021年。

影像厅作为最后一个展厅，供参观者观看学校发展历史的相关专题片及休憩使用。

目前，校史馆在学校的对外交流及师生爱校教育中正在发挥着积极作用。[①]

2017年10月13日，校史馆开馆仪式现场（郭占欣　摄）

[①]　略据党委宣传部王二军提供资料。

河北大学校本部建筑 ●·············· 风物志

河北大学校史馆开馆仪式：左一为78级中文系优秀校友、原保定市人大常委会主任宋文，左二为教师代表印象初院士，右一为学校老领导代表、原校长傅广生教授，右二为党委书记郭健。（郭占欣 摄）

校史馆馆名由68届校友、著名书法家旭宇先生题写（郭占欣 摄）

校史馆南展厅内景之一(郭占欣 摄)

校史馆南展厅内景之二(郭占欣 摄)

河北大学校本部建筑 ●⋯⋯⋯⋯ 风物志

校史馆中展厅内景之一（郭占欣 摄）

校史馆中展厅内景之二（郭占欣 摄）

校史馆北展厅内景之一（郭占欣　摄）

校史馆北展厅内景之二（郭占欣　摄）

南院图书馆新馆

南院图书馆新馆，位于校本部南院，与五四路相邻。1991年10月建成。框架结构，建筑面积8475平方米。由香港邵逸夫捐资300万港元（合人民币210万元），省政府投资421万元，共投资631万元。其立面造型新颖独特，使用方便。其工程位在1997年度河北省十大优质工程之列。旧图书馆在新图书馆西侧紧密相连结，总建筑面积1.45万平方米，是当时全省高校最大的图书馆。①

校本部南院图书馆新馆远景（郭占欣　摄）

---

① 略据校园管理处张思齐提供资料。

校本部南院图书馆新馆近景（裴晓磊 摄）

校本部南院图书馆新馆二楼古籍阅览室内景（裴晓磊 摄）

馆藏珍品选介①

校本部南院新图书馆馆藏《坤舆全图》

《坤舆全图》由比利时耶稣会士南怀仁（1623—1688）于康熙甲寅年（1674）绘制。现藏于河北大学南院图书馆。

该图为木版刊印，设色。全图布局合理，整体和谐统一，恢宏大气，图文并茂，是国内保存最完好的一幅早期的中文版世界地图。

坤舆全图为圆形图，八幅挂屏式拼接，每幅轴高171厘米，宽51厘米。主图居中，由六屏幅组成东、西两半球圆形图，表现了五大洲、四大洋的地理风貌，以及各地奇禽、异兽等独特物产。圆形图之外，设

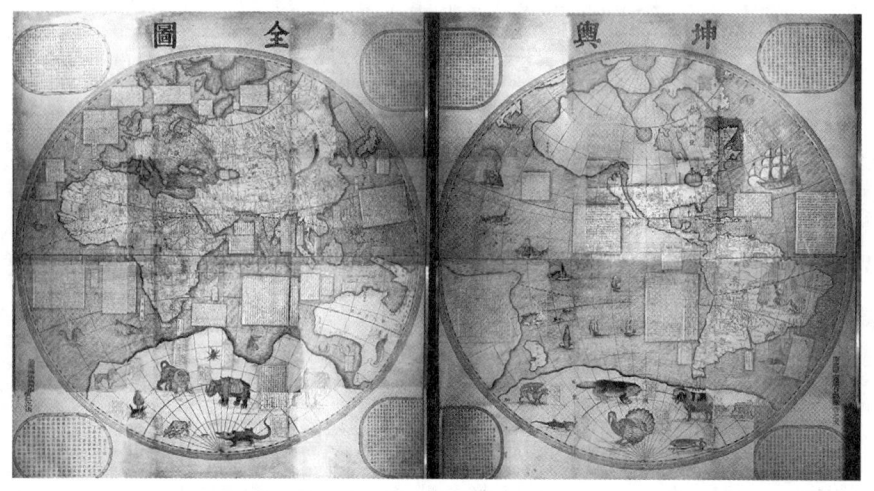

坤舆全图

（河北大学图书馆藏，2003年摄）

---

① 馆藏珍品选介：除《坤舆全图》图片为2003年佚名拍摄外，其他馆藏珍品有《贝叶经》《明画院绘十八应真册》，清·钱泳批注《四书集注》《朱邸庚酬册》《寒玉堂集》《秘阁元龟政要》及《新安汪氏族谱》等图片以及所有文字（含《坤舆全图》）均采自《河北大学馆藏珍品集萃》一书。策划：谷峰、李振纲、任国栋；摄影：梁子；文字：崔广社、李文龙。以下不另注。

有六块上下对称的文字图版,分别记述"气行""风""雨云""海水之动""海之潮汐""或问潮汐之为"等地理知识。另外两幅辅图,分别附丽于主图两侧,各由四块文字图版组成。左条幅从地理学的角度出发,介绍"地震""山岳""江河""人物"等知识;右条幅从天文学角度出发,阐释"四元行之序并其行""南北两极不离天之中心""地图""地体之圆"等学说。主图左起第一屏幅左下方记"治理历法极西南怀仁立法",右起第一屏幅右下方记"康熙甲寅岁日躔娵訾之次",对称标识了绘制此图的时间和人物。全图以顺天府作为初度(本初子午线),准确绘出经纬度数,以及地球赤道、南北回归线等标识线,全面反映了世界各地的地理位置。

南怀仁(P.Ferdinandus verbiest 1623—1688),又作怀尔比司特,字敦伯,原字勋卿,比利时人。清初天主教传教士,曾任耶稣会中国副省区会长。做过康熙皇帝的老师,又得恩重,官钦天监监正。因在平定三藩暴乱时所造大炮发挥作用,特旨加工部右侍郎,卒谥号勤敏。著有《教要序论》《善恶报略说》《仪象图》《康熙永年历法》《神武图说》《坤舆图说》《刊舆外记》等。《坤舆图说》被《四库全书》收入,也是《四库全书》史部地理类收录清代西士唯一的一部著作。

贝叶经

贝叶经,古印度佛教徒用铁笔写在贝多罗(梵文 Palla)树叶上的佛教经文,称贝叶书,简称贝书。贝叶经取自贝多罗树叶,经过浸沤、晾干、切磨、打洞、划线等工序,而后刻写上佛经文字,用绳穿过洞眼系起,两端木板夹住,称为梵夹装。公元 11 至 12 世纪,因伊斯兰教的侵入,印度佛教徒携带贝叶经到中国的新疆、西藏等地区弘扬佛教,现存这一时期的贝叶经很少。本经为《念处经》,由古印度僧人用僧伽罗文字母书写,23 叶,每叶 8 行、叶宽 5.50 厘米,长 41 厘米。"念"为能观之智,"处"为所观之境,以智观察境曰念处。主要内容是关于身

贝叶经

体、感觉、思想和精神等方面的禅思。此《贝叶经》,具有较高的文献资料价值和文物保存价值,弥足珍贵。

明画院绘十八应真册

明画院绘十八应真册,明画院绘制,册页装,每页一图,白绫边,蓝色底,高23.5厘米,宽21.4厘米,34页。此画册是在菩提树叶上绘的十八罗汉图,采用唐代吴道子的绘书技法,笔法超妙,行笔磊落,山水、树石古险,人物栩栩如生。凡图圆光,一笔而成,略施微染,十八应真跃然叶上,具有较高的艺术价值和文物价值,弥足珍贵。

应真,阿罗汉的旧译,应,能应之

明书院绘十八应真册

菩提树叶绘制十八罗汉图选片（1）

菩提树叶绘制十八罗汉图选片（2）

菩提树叶绘制十八罗汉图选片（3）

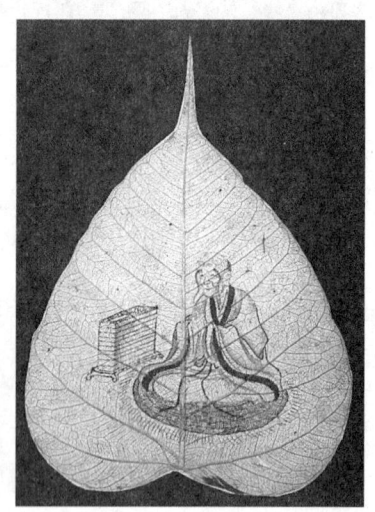
菩提树叶绘制十八罗汉图选片（4）

智；真，所应之理。以智应理之人，故称应真。菩提树，《大唐西域记》载，即毕钵罗树。相传释迦牟尼曾在此树下得证菩提果而成佛，谓之菩提树。

清钱泳批注"四书集注"

清钱泳批注"四书集注",十九卷,四册,宋朱熹撰,清乾隆四十五年(1780)文粹堂刻本,线装,版框21×13.5厘米,半叶9行,每行17字,双行小字34字,左右双边,版心刻书名,单鱼尾。清钱泳朱墨批注及题跋,收入《中国古籍善本书目·经部》,海内孤本。

钱泳(1759—1844),江苏金匮(今无锡)人,字梅溪。嘉道间著名学者,精研金石碑牌之学,工八法,尤精隶古,间及诗画。著有《说文识小录》《登楼杂记》《梅花溪诗钞》等。

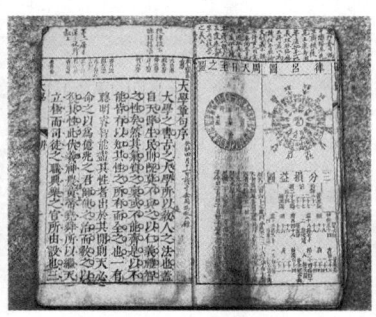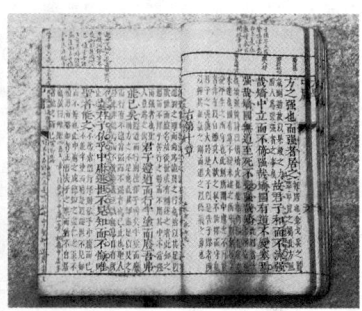

清钱泳批注"四书集注"

朱邸赓酬册

朱邸赓酬册,十四册,清徐琪编撰,诗稿书信原件粘贴成册,折装,木板书衣,33.5×20厘米,徐琪题写书签"朱邸赓酬册"(从第十一册至十四册改题"朱邸赓酬集")。全书收录清光绪戊申(1908)和宣统己酉(1909)间载滢、溥伟与徐琪的诗稿信件等酬唱之作,共计184件,颇具历史资料价值、文学欣赏价值和文物鉴赏价值。诗稿字迹清晰,挥洒自如,是一部精美绝伦的书法艺术作品。

朱邸,指王侯的第宅。是书为收录清宗室诗词唱和的诗稿书信,名曰《朱邸赓酬册》。

载滢(1862—1909),清宗室,恭亲王奕欣的第二子,字湛甫,号

怡庵，又号清素主人、云林居士、懒云道人，室名云林书屋、一山房、清意味斋等。师从徐琪学诗作书，喜收藏，著有《格言简要》《继泽堂集》等。

徐琪（1849—1918），浙江仁和（亦署武林，均今杭州）人，字玉可、花农，号俞楼，室名玉可庵、九芝仙馆等，光绪六年（1880）进士，授编修，历任山西乡试副考官，广东学政，官至兵部侍郎。工诗词、书画，有《玉可庵词》《九芝仙馆行卷》等。溥仪，载滢长子，袭恭亲王位。

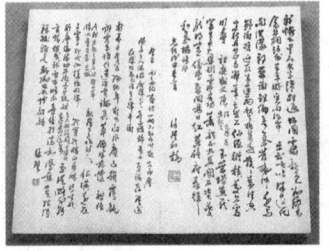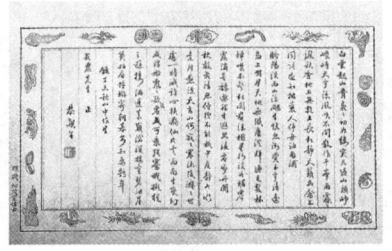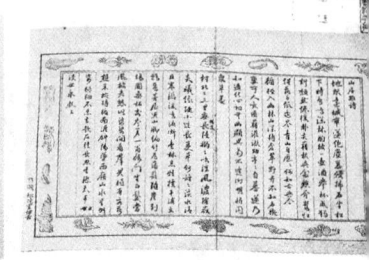

朱邸赓酬册

寒玉堂集

寒玉堂集，二册，溥儒著，手抄本。书高11.25厘米，宽6.60厘米。版框7.25×6.60厘米，半叶6行，行14字，双鱼尾，四周蓝色边框，花纹精美，装订为金箱本。此书收诗387首，蝇头正楷，亲笔书写，书法精妙，意匠天成，为罕见的艺术珍品。

寒玉堂集

溥儒（1896—1963），满族，北京人，字心畲，初号羲皇上人，又号西山逸士，室名寒玉

· 52 ·

堂，自称旧王孙，恭亲王奕欣的次孙，现代书画大师，与张大千齐名，有"南张北溥"之称。传世作品有《溪舟弄笛图》《秋山楼阁图》《抱琴访友图》等，著有《四书经义集证》《寒玉堂论画》《寒玉堂诗词联文集》《新千字文》《群经通义》《碧湖集》等。

秘阁元龟政要

秘阁元龟政要，十六卷，二册，明嘉靖时人撰，清康熙初年抄本，书高27厘米，宽18厘米，记明太祖事。此书为四库底本，卷端有翰林院印章，对面有"乾隆三十八年（公元1773）七月两淮盐政李质颖送到"印记一方。该书编入《四库全书总目》，收入《中国古籍善本书目》，为国内独家收藏。

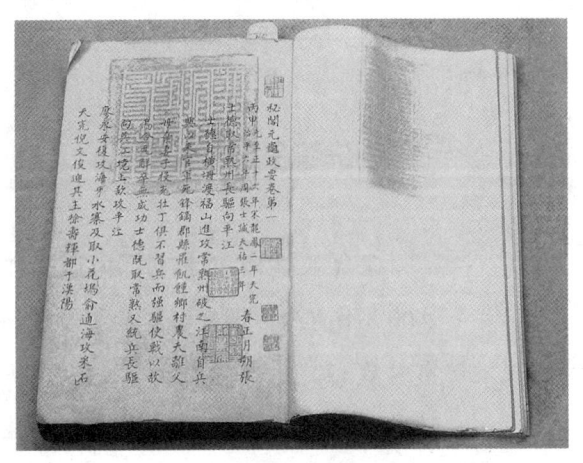

秘阁元龟政要

新安汪氏族谱

新安汪氏族谱，一册，元刻本，线装，书高35.70厘米，宽23.30厘米。版框27.50×18.50厘米，半叶8行，每行18字或21字不等，四周双边，版心刻有"敦宗世谱"，黑口，双鱼尾。是谱前彩绘先祖画像八幅，分别为越国公王华像，建公子尚像，璨公云遏像，逵公守道像，逊公谦夫像，爽公子开像，俊公元杰像，献公云锡像。名人作序，朱熹《新安汪氏大族谱序》写于宋淳熙戊申（1188）九月，欧阳书《旌州新安汪氏族谱序》写于元至元三年（1337）等。

新安汪氏族谱

南院综合教学楼

综合教学楼位于本部南院，建筑面积 11431 平方米，占地面积 2400.2 平方米。地上五层为教学用房以及相关配套用房，拥有 90 人教室以及 120 人教室共 35 个，160 人教室 2 个，200 人教室 2 个，280 人教室 2 个。

建筑结构采用钢筋混凝土框架结构。设计理念采用三个走势截然不同的元素：方形建筑、圆形广场、弧形雨棚将整个地块融合在一起，创造出巨大的张力，加强与周围的互动、归属感。建筑元素上采用点、线、面的结合。大面积的实体墙，及窗边上的挂板、楼梯间垂直的竖窗成为建筑中面的元素；横向的线条成为线的元素，而在实墙上开出的点窗既是点元素。点、线、面的结合增强了建筑的现代感。建筑材料采用灰色大理石和玻璃的结合，以实面为主，强调建筑的体积感，通过与玻璃虚面的结合，增强了通透性，而使整个建筑轻盈起来，符合学校校园的气氛和节奏。

项目于 2010 年 7 月 10 月开工，2012 年 9 月 30 日竣工。[①]

---

① 略据校园管理处张思齐提供资料。

河北大学校本部建筑 •⋯⋯⋯⋯ 风物志

南院综合教学楼（郭占欣　摄）

南院综合教学楼正门（裴晓磊　摄）

·55·

文宗楼

文宗楼（第八教学楼）位于校本部南院，1985年9月竣工，建筑面积4246平方米。①

文宗楼（裴晓磊 摄）

文苑楼

文苑楼（成人教育学院楼）位于校本部南院，1993年9月竣工，

---

① 文宗楼及以下文苑楼、文德楼、文林楼、国际交流与教育学院楼、南院体育馆、运动场、篮排球场等数据，略据校园管理处张思齐提供。

投资210万元，建筑面积5570平方米。文学院、管理学院、成人教育学院驻此楼。

文苑楼（裴晓磊　摄）

文德楼

文德楼（第七教学楼）位于校本部南院，1955年8月竣工，建筑面积4631平方米。

此楼为河北大学校本部现存最早的教学楼建筑。七八十年代，该楼一层、二层、三层分别为历史系、经济系和中文系办公和教学之所。

文德楼（裴晓磊 摄）

文林楼

文林楼（郭占欣 摄）

文林楼（第九教学楼）位于校本部南院，1987年竣工，建筑面积9492平方米。

国际交流与教育学院楼

国际交流与教育学院楼（郭占欣　摄）

国际交流与教育学院楼，位于校本部南院，2008年竣工，建筑面积1200平方米。为学院办公与教学之用。

南院体育馆

体育馆（今羽毛球馆）位于校本部南院。1981年竣工，建筑面积2275平方米。

南院体育馆（郭占欣　摄）

南院运动场

南院运动场，位于校本部南院。2000年4月竣工。包括标准场地、400米塑胶跑道、3475平方米看台，总投资1000万元，其中看台总造价 500 万元；400 米塑胶跑道，300 万元，当时为河北省高校第一个塑胶场地。标准场地草籽使用美国进口草籽，由早出荷、高寒毛等四种优秀草籽混合而成，具有返青早、耐寒、抗旱、晚枯黄等特点。人工草坪足球场 8300 平方米，羽毛球、乒乓球等场地 2600 平方米。体育教研部驻此。

南院运动场全景，位于校本部南院（李瑶　航拍）

南院运动场看台（裴晓磊　摄）

南院篮球、排球场

篮球场、排球场，位于校本部南院。面积5500平方米。

南院篮球、排球场（裴晓磊 摄）

校本部北院校门

校本部北院校门，位于保定市五四东路180号院。建筑面积338平方米，1980年竣工。①

---

① 校本部北门、博学楼等数据由校园管理处张思齐提供。

2021年维修后的校本部北院校门（郭占欣　摄）

博学楼

博学楼，又称逸夫研究生教学楼，位于河北大学本部北院。建筑平面呈 L 型，建筑面积 22997 平方米，地上十一层，地下一层。建筑结构为钢筋混凝土框架结构。该楼的基本设计理念为直线与曲线的对比共生。建筑的主体保持方整平直，形成建筑的核心体量，而建筑的外立面积设计为曲线的玻璃层，一直一曲，宜庄宜谐，对比相生，赋予了建筑突出的形象特征。在获得活跃的现代感的同时，不失教学楼应有的庄重和严谨。建筑细部设计将集中体现建筑的现代科技含量。曲线玻璃悬挑的结构构造，入口轻钢大台阶的薄形化处理，侧立面金属百叶的节奏变化等都将保证建筑形象的时代感与技术的先进性。

该工程于 2003 年 11 月 25 日开工，2005 年 8 月 25 日竣工，2005 年 9 月 15 日正式投入使用，是集科研、教学、实验及学术交流为一体的综合性建筑。

参建单位：设计单位为保定市建筑设计院有限公司，施工单位为河

北建设集团股份有限公司。

逸夫研究生教学楼奖项：2006年度国家优质工程奖"鲁班奖"，2006年河北省优质工程"安济杯奖"，邵氏基金第十七批大学赠款项目一等奖，河北省建设工程"勘察设计二等奖"，2006年全国工程建设优秀质量管理小组奖，河北省建设行业科技进步二等奖。研究生院、药学院驻此楼。该楼楼道内有河北大学知名专家教授图片陈列（2008年）。

博学楼（逸夫研究生教学楼）（郭占欣 摄）

博物馆

博物馆始建于1996年，位于校本部北院，2004年10月竣工，建筑面积8500平方米。由原历史系的文物室和生物系的标本室联合组建而成。目前馆藏动物标本150余万件，文物7000余件，是河北省唯一的综合性高校博物馆，也是河北省唯一入选教育部全国高校博物馆育人联盟的大学博物馆。

博物馆目前是全国科普教育基地、全国野生动物保护科普教育基地、河北省省级科普教育基地、河北省科技厅首批对外科普展览展出基地、保定市青少年科普教育基地、保定市青少年科技教育培训基地等。

博物馆现有生物类展览7个，分别为《动物系统学展》《水生动物展》《六足动物展》《昆虫文化展》《蛛形动物展》《动物分类成果展》和《动

河北大学博物馆（李文龙 摄）

物资源科考展》。每年接待大量国内外、校内外各界参观者。①

馆藏珍品选介②

甲骨文

馆藏甲骨文选（梁子　摄）

甲骨文，亦称"契文""卜辞""殷墟文字"。清光绪二十五年（1899）始出土于河南安阳小屯村的殷墟，是中国商代后期（前14—前11世纪）王室用于占卜记事而刻写在龟甲兽骨上的文字。文字结构由独体趋于合体，形声字大量存在，是一种相当进步的文字，在可识的汉字中是最早、最完整的文字体系。馆藏甲骨文具有很高的历史文物价值和学术资料价值。

粉彩转心瓶

粉彩转心瓶，国家一级文物，清·嘉庆年间制。高30.3厘米，口径5.38厘米，底径10.75厘米，又称"旋转瓶""转颈瓶"。此器形似葫芦，通体镂空，器身分为盖、颈、外瓶、内胆、加层、底盘六部分。月白色底釉上施粉彩，左右如意耳饰金彩，口沿和托盘皆以金钱界开，底部篆书"大清嘉庆年制"。转心瓶制作精致，满施花卉及福寿纹，富丽堂皇。内层洒蓝釉贴金葫芦瓶可随手转动，工艺复杂，设计精妙，为清中期瓷器之精品。

---

① 略据博物馆李文龙提供资料。
② 馆藏珍品选介：除甲骨文文字和图片采用《河北大学馆藏珍品集萃》之外，其他馆藏珍品如粉彩转心瓶、三彩骆驼俑、青铅斝等文字均由博物馆李文龙提供。

 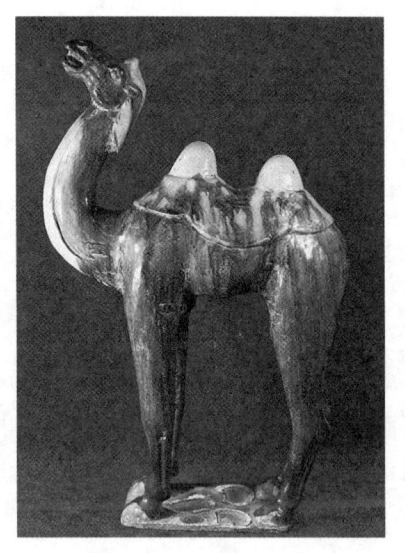 

粉彩转心瓶（郭占欣　摄）　　　三彩骆驼俑（郭占欣　摄）　　　青铜斝（郭占欣　摄）

三彩骆驼俑

三彩骆驼俑，国家二级文物，唐代，高 64.7 厘米，长 43.3 厘米，宽 15 厘米。唐三彩是指唐代烧制成的多色彩的低温铅釉陶，基本色调是黄、绿、白，尤以蓝、黑彩的最为罕见。此件唐三彩骆驼俑站在长方形的踏板上，仰首嘶鸣，体形健美高大，釉色艳丽滋润，反映出唐代工匠高超的技艺。

青铜斝

青铜斝，商代，高 24.7 厘米，口径 15.4 厘米。青铜斝是一种盛酒器，斝的口沿上有双柱，颈部饰一周窃曲纹，腹部饰人字纹，腹的一侧有鋬，腹下有三个锥足。据史书记载，斝的用途不是饮酒，而是用来行裸礼，即将酒浇在地上，用来祭祀天地与祖先。

科研实验楼

科研实验楼位于河北大学本部北院西南部，主要功能为重点实验室之用。该项目总建筑面积为24179平方米，建筑结构为钢筋混凝土框架结构。地上八层，地下一层，外装一二层为花岗岩石材，三至八层为真石漆。方案设计理念来源于太极八卦图，建筑主体色调与保定市整体城市色彩保持一致，浅灰色和灰色面砖象征宁静、平和、严肃、积极进取，建筑的节节高升体现了勇攀高峰的学研态度。项目投资总概算9059万元，于2014年12月启动开工建设，2016年8月31日竣工。2014年，经依法招标确定科研实验楼。参建单位：方案设计为清华大学建筑设计研究院有限公司，施工图设计为河北建筑设计研究院有限责任公司，施工单位为河北建设集团。科研实验楼奖项：河北省结构优质

科研实验楼（郭占欣 摄）

工程奖。①

教育部重点实验室新楼——药物化学与分子诊断实验新楼

药物化学与分子诊断实验新楼，位于河北大学本部北院，占地面积3000平方米，建筑面积5306平方米，地上三层，地下一层。主要为药物化学与分子诊断实验室和建筑工程学院实验用房。实验楼地上三层，采用框架结构，框架抗震等级二级，楼屋盖均采用抗震性能好的现浇梁板结构。项目建筑造型与周边建筑呼应，建筑整体为方形造型，与校园内其他建筑相协调。在延续校园建筑传统的基础上，药物化学与分子诊断实验楼有所创新，采用具有现代气息的立面处理手法。建筑主色调采用暖灰色，与周边建筑色调融合，沉稳大方，添加局部亮色营造轻松氛围，体现现代化的教学气息。

建筑平面呈"E"字型布局，中部为厕所及楼梯间，两侧为实验室及办公室等。建筑地下一层布置实验室8个、办公室6个、休息空间及附属用房若干，内庭院采用采光顶，透光效果较好；建筑首层布置实验室7个，办公室2个，门厅、值班室等；建筑二层布置实验室8个，办公室2个；建筑三层布置实验室6个，办公室2个。

项目投资概算1650万元，于2012年5月6日开工，2013年4月18日竣工并投入使用。

参建单位：设计单位为保定市城乡建筑设计院，施工单位为河北大学建筑安装工程公司。

---

① 科研实验楼及其以下药物化学与分子诊断实验新楼、竞学楼、奋学楼、通学楼、笃学楼、敏学楼、劝学楼、悦学楼、校医院楼、北院运动场等数据由张思齐提供。

教育部重点实验室新楼——药物化学与分子诊断实验新楼(郭占欣 摄)

教育部重点实验室——药物化学与分子诊断室,该室初期位于校本部北院劝学楼一层(郭占欣 摄)

竞学楼

竞学楼（第一教学楼）位于校本部北院，1980年12月竣工，建筑面积10638平方米。公共外语教研部在此楼办公。该楼楼道内有河北大学知名校友图片陈列（2008年）。

竞学楼（郭占欣　摄）

奋学楼

奋学楼（建工学院楼）位于校本部北院，2006年6月竣工，建筑面积2200平方米。为建工学院实验、办公之所在。

奋学楼（郭占欣　摄）

通学楼

通学楼（郭占欣　摄）

通学楼（第三教学楼，生科院楼）位于校本部北院，1972年竣工，建筑面积4848平方米。生命科学学院驻此楼。

笃学楼

笃学楼（物理实验楼）位于校本部北院，1980年竣工，建筑面积6991平方米。物理科学与技术学院驻此楼。

笃学楼（郭占欣 摄）

敏学楼

敏学楼（化学实验楼）位于校本部北院，1983年2月竣工，建筑面积6030平方米。化学与环境科学学院驻此楼。

敏学楼（郭占欣 摄）

劝学楼

劝学楼（裴晓磊 摄）

劝学楼（中心实验楼）位于校本部北院，原为理化中心和计算中心。1987年6月竣工，建筑面积6980平方米。为世界银行贷款工程，总投资373.5万元。

悦学楼

悦学楼（第二教学楼，电子与信息学院楼）位于校本部北院，1976年竣工，建筑面积5216平方米。

悦学楼（裴晓磊　摄）

校医院楼

校医院楼，位于校本部北院西北部，1998年12月建成，投资309.6万元，建筑面积3098平方米。

校医院楼（郭占欣 摄）

北院运动场

校本部北院运动场景观之一（郭占欣 摄）

校本部北院运动场，位于校本部北院，面积17100平方米，2016年改建为全塑胶运动场。

校本部北院运动场景观之二（郭占欣 摄）

河北大学新校区建筑（2001—2021）

依据国务院批转教育部的《面向 21 世纪教育振兴行动计划》和河北省《面向 21 世纪河北教育振兴行动计划》，河北大学依据自身特点，确立了新世纪的发展战略，适时地提出了建设具有鲜明特色的国内一流大学的奋斗目标。学校迁址保定后校本部用地仅仅 600 余亩，严重阻碍了学校的发展，有鉴于此，以校本部校区为基础，重新开辟新校区以实现河北大学教育大众化的目标已成为迫在眉睫的大事。此设想一经学校提出，很快得到保定市政府和有关部门的鼎力支持。2002 年，保定市政府决定将保定七一东路华北工业城 1500 余亩土地无偿划拨给河北大学用于新校区建设，此举得到省委、省政府大力支持。新校区计划总建筑面积约 65 万平方米，拟投资 12.7 亿元人民币。其中，科教园区占地 1043.71 亩，建筑面积约 34.9 万平方米，预计投资 7.89 亿元（不含仪器设备及图书资料费用）；坤舆生活园区占地面积 468.62 亩，建筑面积约 32 万平方米，预计投资 4.8 亿元。新校区建设划分为几期工程分期建设。

新校区科教园区 2002 年完成一期工程，建成教学楼 A1—A3、文科综合办公楼、计算中心和公外实验室、理科学院楼、理科基础实验楼等，共计 98530 平方米；2004—2014 年二期工程完成教学楼 A4—A6、文科综合实验楼、外语学院楼、艺术学院楼、学生活动中心、多功能礼堂、体育器材室等教学建筑，共计85312平方米。

2015年在新校区科教园区中轴线上建成规模宏大的图书馆，建筑面积38765.88平方米，为新校区标志性建筑；同年在科技园区建成质量技术监督学院楼，2017年建成容大足球场。

新校区坤舆生活园区2002年一期工程完成综合楼、厚望楼、厚泽楼、厚朴楼、办公楼等学生公寓及附属设施，共计76991平方米；2003—2004年完成接待中心，致仁、至信、馨清、馨雅、馨宁、馨逸诸楼学生公寓建设，共计101919平方米。

止于2017年6月，新校区科教园区建筑面积（含容大足球场及看台）286756.9平方米；新校区坤舆园生活区建筑面积231883.9平方米。

2020年10月建成游泳馆、多功能馆及风雨操场；2020年11月建成国家工程实验楼（D5、D6）建筑面积26000平方米。

河大新校区的创建与发展，有效地拓展了学校办学空间，极大地改善了办学条件，为学校进一步扩大规模，加快发展奠定了坚实基础。正如2011年版《河北大学史》所称："新校区的规模设计借鉴了国内外先进的设计理念与标准，充分体现了'绿色、环保、人文、智能'的时代特征和现代高等学府的独特气质。"河大新校区堪称21世纪河北省高等教育机构对外开放示范性窗口和推动教育现代化的代表性校园。

河北大学科技教育园区规划设计图

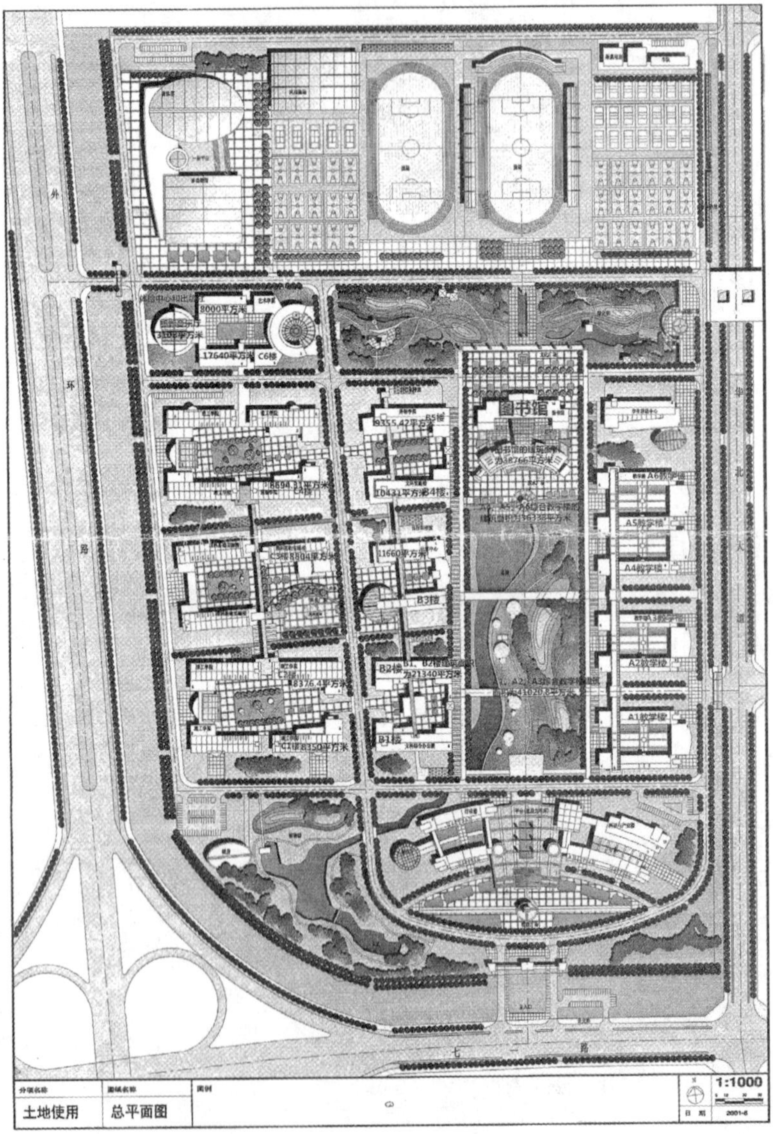

河北大学科技教育园区规划设计图

(资料源于河北大学校园管理处)

河北大学新校区大门

河北大学新校区，位于河北省保定市七一东路2666号，大门坐北朝南。①

河北大学新校区大门（郭占欣 摄）

河北大学新校区大门东侧建筑
（郭占欣 摄）

① 略据《河北大学》(2001—2010)。

河北大学新校区学校大门一侧及其内景(李瑶 航拍)

坐落于新校区大门内"河北大学"卧式校名碑(郭占欣 摄)

河北大学图书馆

河北大学图书馆位于河北大学新校区科技教育园区中轴线，建筑面积38765.88平方米，地上八层，地下一层，建筑结构为框架剪刀力墙结构，梁板式筏形基础。图书馆投资总概算21377.94万元，被列入中西部高等教育振兴计划（中西部高校基础能力建设工程）。项目于2013年12月30日开工建设，2015年9月30竣工，2016年正式开馆投入使用，是一座集藏书、阅览、学术交流、展览、数据中心为一体的大型、综合性建筑。该图书馆辟有著名书法家、校友旭宇先生书法陈列专室。

图书馆建筑外形浑厚，模仿欧式建筑典型三段式设计。首层与二层建筑形成建筑底座，三至八层为建筑主体，屋顶设有建筑构架。建筑外观材料以陶板、石材为主，显示建筑文化底蕴的厚重，并与周边建筑协调，造型沉稳大气、新颖美观。大厅"U"形框景式构造犹如"书的剧场"，圆弧墙犹如八部典籍，饱含书香之气。2016年图书馆项目荣获2016—2017年度中国建筑工程鲁班奖（国家优质工程）。图书馆外观朴实典雅、气势恢宏，内部环境幽雅、设施先进，安装了中央空调、新风系统、观光电梯，配备了图书自动借还系统、读者自动服务系统、图书智能分拣系统、座位管理系统等智能化设备，划分了休闲交流空间、阅览学习空间、古籍展示空间等功能区，建设了移动图书馆和微信公众号，充分体现了现代图书馆智能化、数字化和人性化特征。

2013年，经依法招标确定图书馆项目参建单位：初步设计单位为北京建筑设计研究院，施工图设计单位为保定市建筑设计院，施工单位为河北建设集团有限公司。

图书馆奖项：国家优质工程奖"鲁班奖"，河北省结构优质工程奖，河北省绿色施工示范工程奖。

　　河北大学图书馆，原为1926年由法国天主教耶稣会士在天津创办的工商大学图书馆，当时的图书馆设于工商大学本科大楼内，大院内北疆博物院又有一科学图书馆。1970年河北大学迁到保定，全部图书随之搬迁。80年代在河北大学五四东路校本部南院建起的图书馆，即今所称旧图书馆，因不敷使用，在旧馆之东，于1991年10月建起新图书馆一座。2005年河北职工医学院并入河北大学，图书馆统一管理。2016年，新校区图书馆落成投入使用，建筑面积3.8万平方米，阅览坐椅2650个，是一座全开放式的大型现代化的高校图书馆。图书馆由新校区总馆、本部分馆、医学部分馆和19个院（中心）资料室分馆组成，下设综合办公室、资源建设中心、学习支持中心、古籍特藏中心、技术与数据中心、研究支持中心等部门。古籍部设于校本部南院新馆二楼，比利时传教士南怀仁绘制的《坤舆全图》悬挂于该部。古籍藏书中有中文古籍文献26200余种，18万余册；善本363种，495册；珍本866种，8033册；孤本17种，283册。其中旧方志、旧家谱是古籍藏书的主要特色，所藏旧方志1158种，善本18种；旧家谱835种，173姓，最早刊本为元刻本。该部收藏国家图书馆出版社出版的《中华再造善本》和大量缩微文献等。此外，还藏有比利时安特卫普出版社于1601年出版的《奥泰礼世界地图书》等，弥足珍贵。馆舍总面积已达5.99万平方米，馆员130余人，阅览座位3767个，各种类型文献390万册，古籍文献2.6万余种、近20万册，古籍藏量位居全国高校前列。本馆每周开放91.5小时，日接待读者三千余人次，全年累计接待读者50余万人次。

　　河北大学图书馆是中国高等学校图书情报工作委员会成员馆，河北省高校图工委秘书处、《河北科技图苑》编辑部设在馆内。图书馆经常接待来自全省、全国乃至世界各地的专家、学者，并派出工作人员出国考察或访问研究，已同美国、日本、加拿大等国家和我国港、澳、台地区及内地高校400余所图书馆建立并保持密切的文献交换关系。

近年来，图书馆积极进行网络环境下的数字化资源建设和文献保障体系建设，引进中外文数据库52个，自建数据库14个，还收藏有一定数量的缩微文献、音像磁带等，为了提高学校科研水平，图书馆还开展了论文的查收查引工作；开展了和CALIS、CASHL、NSTL、国家图书馆、河北省高校数字图书馆联盟的联合编目、馆际互借和文献传递工作；开展了区域合作模式，与华北电力大学图书馆、河北农业大学图书馆实现中外文期刊资源共建共享。目前，该馆引进安装了图书馆集成自动化管理系统（Melinets），实现采访、编目、流通、查询自动化管理。2016年，该馆推出新门户网站和易瑞数据库授权访问系统，为读者提供了"坤舆发现"一站式中外文资源检索平台和"移动图书馆"，并实现了校园网外无障碍利用本馆电子资源，在一定程度实现了数字图书馆最初的3A功能设计：在任何时间（Any time）任何地点（Any where）获取所需要的任何知识（Any knowledge）。

河北大学新校区图书馆（郭占欣 摄）

随着河北大学的快速发展，河北大学图书馆正朝着研究型、高层位的现代化图书馆目标迈进。①

河北大学新校区图书馆景观（郭占欣　摄）

河北大学新校区图书馆夜景（杨志刚　摄）

---

① 略据河北大学图书馆网页，图书馆张如意提供资料。

河北大学新校区建筑（2001—2021） 风物志

河北大学新校区图书馆大厅（刘海天　摄）

河北大学新校区图书馆古籍部（刘海天　摄）

河北大学新校区图书馆内景一瞥（刘海天 摄）

新校区综合教学楼（A1、A2、A3）

综合教学楼的施工图设计单位是北方设计研究院，监理单位为保定市第三工程建设监理有限公司，施工单位是河北建设集团三分公司。2002年3月开工，2002年9月竣工。

综合教学楼总建筑面积为44789.27平方米，共6层，层高为3.9米，局部为4.26米，总高为23.95米，为框架结构。本楼共分三部分，即A1、A2、A3教学楼。其中A1教学楼建筑面积为13378平方米，A2教学楼建筑面积为12934平方米，A3教学楼建筑面积为13412平方米，外走廊等建筑面积为5065.27平方米。

本楼主要功能为教学，设有60人、90人、120人普通教室和120人、

160 人、200 人、350 人阶梯教室。各种教室均设有网络系统、消防控制、烟感报警系统以及事故照明和事故广播系统，冬季采暖为低温水供暖，热源来自生活区，夏季为电扇降温。

三座教学楼以连廊连为整体，每一教学楼以中厅共享空间组合，室

河北大学新校区 A1—A6 及其附近景观（郭占欣　摄）

河北大学新校区 A3、A4 及其附近景观（李瑶　航拍）

综合教学楼甲（A1、A2、A3）（郭占欣 摄）

综合教学楼大厅（A1）（刘海天 摄）

综合教学楼大厅（A2）（刘海天　摄）

综合教学楼大厅（A3）（刘海天　摄）

外围组合形成小广场；外墙装饰为红、白、灰通体全瓷面砖，全部采用铝合金中空镀膜玻璃采光窗及幕墙。每栋楼一至六层为中厅通透，顶部为钢梁架中空加胶玻璃采光；内墙为环保型乳胶漆，吊顶为矿棉吸音板，楼地面除一层为大理石外，其他均为通体防滑地砖。每栋教学楼为普通照明，并分别设有电梯一部。

目前，A1教学楼五六层为兰开夏学院专用教室，其余为公共教室。①

新校区综合教学楼（A4、A5、A6）

综合教学楼位于河北大学新校区科技教育园内，建筑面积为36338平方米，建筑结构为钢筋混凝土框架结构，共6层。该楼单体设计方案

综合教学楼（A4、A5、A6）（郭占欣 摄）

---

① 略据新校区校园管理处李永强提供资料。

深化设计单位是清华大学建筑设计研究院，施工图设计单位是北方设计研究院，施工单位为河北建设集团三分公司。2003年3月开工建设，于当年8月底竣工。

本楼主要功能为教学，设有60人、90人、120人普通教室和200人、350人阶梯教室。各种教室均设有网络系统、烟感报警系统、消防控制、事故照明和事故广播系统，冬季采暖为低温水供暖，热源来自生活区，夏季为电扇降温。

该楼现为公共教室。[①]

综合教学楼大厅（A4）（刘海天　摄）

---

① 略据新校区校园管理处李永强提供资料。

综合教学楼大厅（A5）（刘海天 摄）

综合教学楼大厅（A6）（刘海天 摄）

新校区文科综合办公楼（B1、B2）

　　文科综合办公楼的施工图设计单位是保定市建筑设计院，监理单位为保定市第一工程建设监理公司，施工单位为中建一局四公司。2002年3月开工，2002年9月竣工。

　　文科综合办公楼总建筑面积为21350平方米，共6层，分A区、B区、C区三部分。A区为六层，建筑面积为10386平方米；B区为六层，建筑面积为10366平方米；C区为连廊三层，建筑面积为598平方米。层高分别为：一层为3.9米，二层及以上为3.75米，总高为23.85米，为各学院办公用房。本楼为框架结构。

　　本楼的A区、B区均以内庭共享空间组合，在A区一层施工时，根据学校要求，局部改为会议接待房间，提高了装饰档案，设了咖啡厅、会议室和中间下沉式水池及雕塑小品等。

　　本楼设有集中空调系统、智能化系统（有线电视系统、保安监控、门禁及计算机网络系统等）、消防监控系统、事故照明和事故广播系统。

　　本楼A、B区外装饰为红、白相间通体面砖，窗和幕墙为铝合金浅蓝灰色中空玻璃，外门为全玻璃门；中厅顶部均为球结点网架，中空加胶玻璃采光，每区设有电梯一部；内墙面为环保型乳胶漆，内装饰除一层局部为大理石地面外，其他均为通体防滑地砖；吊顶为矿棉吸音板，照明为节能型日光灯和装饰灯。

　　目前，有管理学院、经济学院、政法学院等驻此楼。[①]

---

① 略据新校区校园管理处李永强提供资料。

文科综合办公楼（B1）（杨志刚　摄）

文科综合办公楼大厅（B1）（刘海天　摄）

河北大学新校区建筑（2001—2021） 风物志

文科综合办公楼（B2），工商学院、新闻学院等在此楼办公。（杨志刚 摄）

综合办公楼大厅（B2）（刘海天 摄）

文科综合办公楼全景（B2）（郭占欣 摄）

新校区计算中心和公外实验楼（B3）

计算中心和公外实验楼的施工图设计单位为北方设计研究院，监理单位是保定市第一建设监理有限公司，施工单位为中一局四公司。2002年3月开工，2002年9月竣工。

本楼建筑面积为11048平方米，地上4层，地下1层，为框架结构，设有集中带新风系统。

本楼包括一期工程空调机房、网络中心、消防总控室、教研室、制作室、4个300人机房、语音室、数据库、远程教学、网上教学机房、教学演示室、系统集成室、UPS电源室、信息中心及辅助用房等。

内外装饰及照明系统除机房地板为防静电地板外，其他部位与校园各楼基本相同。

现为工商学院实验楼和网络信息安全中心所在。[①]

---

① 略据新校区管理处李永强提供资料。

计算中心和公外实验楼（B3）（李卫鹏　摄）

计算中心及公外实验楼大厅（B3）（刘海天　摄）

新校区文科综合实验楼和外语学院楼（B4、B5）

文科综合实验楼、外语学院楼的单体设计方案设计单位是清华大学建筑设计研究院，施工图设计单位是石家庄市建筑设计研究院，保定建设工程监理有限公司和河北建设集团天辰建筑工程公司分别为该项目的监理和施工中标单位。

2004年3月9日，文科综合实验楼和外语学院楼工程破土动工，当年年底，全部封顶。2005年12月底，文科综合实验楼、外语学院楼室内外工程如期竣工。

文科综合实验楼和外语学院楼总建筑面积为19790.42平方米，其中前者建筑面积为10435平方米，后者建筑面积为9355.42平方米，各为6层，首层层高分别为4.0米和4.2米，总高为23.95米，框架结构。

文科综合实验楼和外语学院楼以中厅共享空间组合，室外围组合形成小广场；外墙装饰为红、白通体全瓷面砖，全部采用铝合金中空镀膜玻璃采光窗及幕墙；每栋楼一至四层为中厅通透，顶部为网架中空加胶玻璃采光；内墙为环保型乳胶漆，吊顶为硅钙板，楼地面均为通体防滑地砖；每栋楼为普通照明，并分别设有电梯一部。

文科综合实验楼和外语学院楼主要功能为教学和办公。文科综合实验楼内设教育学院、政法学院、新闻学院、管理学院、经济学院及文学院相适应的各类实验室。外语学院楼内设35人教室29个、80座语音室4个、50人网络教室1个、350平方米多媒体教室1个。各种实验室和教室均设有网络系统、烟感报警系统、消防控制、事故照明和事故广播系统。两栋楼的冬季采暖和夏季制冷均为集中空调。

外语学院楼为外语学院使用。①

文科综合实验楼和外语学院楼（分别为 B4 和 B5）（李卫鹏 摄）

文科综合实验教学中心（B4）（李卫鹏 摄）

---

① 略据新校区管理处李永强提供资料。

文科综合实验楼大厅（B4）（刘海天 摄）

外语学院楼（B5）（李卫鹏 摄）

河北大学新校区建筑（2001—2021） 风物志

外语学院楼大厅（B5）（刘海天 摄）

新校区理工学院 1 号和 2 号楼（C1、C2）

理工学院 1 号和 2 号楼的施工图设计单位为保定市建筑设计院有限公司，监理单位是河北省冀咨工程监理有限责任公司，施工单位为中建二局三公司。2002 年 3 月开工，2002 年 9 月竣工。

理工学院 1 号楼建筑面积为 8350.10 平方米，共五层，总高为 19.5 米，框架结构。本楼以中厅共享空间组合，南向房间为理科、工科各学院办公地，北向为理科、工科实验室。中厅顶部为网架加胶玻璃采光，楼内设有集中空调、消防分控室和报警、喷淋系统和智能化网络系统。内外装饰、门窗及幕墙均与其他楼相同。

理工学院 2 号楼建筑面积为 8376.4 平方米，共五层，总高 19.5 米，为框架现浇梁、板、柱结构体系。本楼与理工学院 1 号楼大体相同，仍以中厅共享空间组合，南向为办公用房，北向为各类理科、工科实验室。其他与理工学院 1 号楼相同。

目前有计算机科学与技术学院、电信学院等驻此。[①]

理工学院 1 号和 2 号楼（1 号楼即 C1，2 号楼即 C2）（李卫鹏 摄）

理工学院 1 号楼大厅（1）（C1）（刘海天 摄）

---

① 略据新校区管理处李永强提供资料。

理工学院1号楼大厅（2）（C1）（刘海天　摄）

理工学院2号楼（C2）（李卫鹏　摄）

理工学院 2 号楼大厅（C2）（刘海天　摄）

新校区理科基础实验楼（C3）

理科基础实验楼的施工图设计单位是保定市建筑设计院有限公司，监理单位为河北省冀咨工程监理有限责任公司，施工单位为中建二局三公司。2002 年 3 月开工，2002 年 9 月竣工。

本楼建筑面积为 8804 平方米，五层，总高 23.3 米，为框架结构。主要功能为理科、工科各学院课程基础实验专用，仍以中厅共享空间组合，南向是办公用房，北向为各类实验室。

本楼设有空调系统、消防监控报警系统和喷淋系统及智能化网络系统；内外装饰、门窗、幕墙等均与其他楼大致相同。

现为工商学院实验楼。①

---

①　略据新校区管理处李永强提供资料。

理科基础实验楼（C3）（李卫鹏 摄）

新校区工商学院理科基础实验楼（C3）（郭占欣 摄）

理科基础实验楼大厅（C3）（刘海天　摄）

新校区质量技术监督学院教学楼（C4）

质量技术监督学院原为河北技术监督职工中专学校，始建于1984年，2000年并入河北大学，2002年9月由阳光北大街迁入河北大学新校区内。质量技术监督学院教学楼位于河北大学新校区科技教育园区，地上五层，主要功能为质量技术监督学院教学和实验用房。该楼建筑造型的基础形象源自于河北大学新校区整体的建筑风格，并经过分解重构后，重新组织为现在的立面造型。建筑墙面材料主要为红色面砖。纯静的面砖与整齐简洁的玻璃虚实对比明确有力，整体建筑宁静与活泼并重。建筑风格具有鲜明的标志性和时代气息，同时具有简洁、大气、朴素、艺术性等文化特征。本工程采用框架结构，现浇钢筋混凝土梁板体系。

质量技术监督学院教学楼（C4）（郭占欣 摄）

质量技术监督学院教学楼大厅（1）（C4）（刘海天 摄）

质量技术监督学院教学楼核准建设规模8694.31平方米，投资总概算3594万元，2015年2月开工，2015年9月竣工。

2014年经依法招标确定项目参建单位：设计单位为保定市建筑设计院有限公司，施工单位为河北建设集团股份有限公司。①

质量技术监督学院教学楼大厅（2）（C4）（刘海天 摄）

新校区中央兰开夏传媒与创意学院教学楼（C5）

中央兰开夏传媒与创意学院教学楼位于七一路校区C5座，建筑面积10000平方米，总投资概算3750万元，地上5层，局部4层。

该建筑由河北建筑设计研究院有限责任公司设计，大元建业集团股份有限公司施工，保定市第三工程建设监理有限公司监理，2018年4

---

① 略据新校区管理处李永强提供资料。

河北大学新校区建筑（2001—2021） •⋯⋯⋯⋯ 风物志

新校区中央兰开夏传媒与创意学院教学楼全景图（郭占欣 摄）

新校区中央兰开夏传媒与创意学院教学楼侧面图（郭占欣 摄）

月开工建设，2020年9月正式竣工，为我校与英国兰开夏大学联合举办的中外合作办学机构，即河北大学—中央兰开夏传媒与创意学院使用，包括专业教室、语言教室、演播厅、画室等。

新校区艺术学院南北楼和学生活动中心（C6）

艺术学院南北楼和学生活动中心的单体设计方案设计单位是清华大学建筑设计研究院，施工图设计单位是保定市建筑设计研究院有限公司，保定市第三建设工程监理有限公司和河北省第四建筑工程公司六分公司分别为该项目的监理和施工中标单位。

2004年3月9日，艺术学院南北楼和学生活动中心工程破土动工，当年年底，全部封顶。2006年6月底，艺术学院南北楼和学生活动中心工程及室内外工程如期竣工。

艺术学院南北楼和学生活动中心工程总建筑面积为25914平方米，其中前者建筑面积为17914平方米，后者建筑面积为8000平方米；各6层，首层层高为3.9米，总高为23.95米，框架结构。

艺术学院南北楼和学生活动中心以中厅共享空间组合，室外围组合形成小广场；外墙装饰为红、白通体全瓷面砖，全部采用铝合金中空镀膜玻璃采光窗及幕墙；每栋楼一至四层为中厅通透，顶部为网架中空加胶玻璃采光；内墙为环保型乳胶漆，吊顶为硅钙板，楼地面均为通体防滑地砖；每栋楼为普通照明，并分别设有电梯一部。

艺术学院南北楼主要功能为教学和办公。内部设有500平方米综合展厅2个、220人阶梯教室2个、150平方米雕塑教室2个、250平方米陶艺工作室1个、琴房84个、天光教室10个、200平方米舞蹈房2个、理论教室及办公室若干。学生活动中心内设注册大厅、多功能厅、学术报告厅、学生网络中心、学生就业中心、学生咨询室、勤工俭学办公室及社团联合会等若干。艺术学院南北楼和学生活动中心均设有网络系统、烟感报警系统、消防控制、事故照明和事故广播系统。两栋楼的冬季采暖和夏季制冷均为中央空调。

艺术学院南北楼为艺术学院使用，学生活动中心现为体检中心和河北大学出版社有限责任公司共同使用。①

艺术学院及其周边环境（李瑶　航拍）

艺术学院南北楼（C6）（李瑶　航拍）

---

① 略据新校区管理处李永强提供资料。

艺术学院南北楼和学生活动中心（C6）（杨志刚 摄）

艺术学院北楼大厅及内庭院（C6）（刘海天 摄）

艺术学院艺术展室选介[①]

燕下都瓦当艺术展室

燕下都瓦当艺术展室隶属于河北大学艺术学院，坐落于艺术学院楼内，是艺术学院学生实习实训专业场所之一。

瓦当是中国古建筑的构件，使用在建筑物檐前，起着保护和装饰美化建筑物的作用。瓦当从西周时期开始产生使用，经春秋战国繁荣发展，在秦汉时期达到鼎盛，沿用至今。其中，河北易县燕下都瓦当与陕西关中秦瓦当、山东临淄齐瓦当并称为我国先秦时期三大地域瓦当。

燕下都遗址位于河北省易县县城东南5公里处的北易水和中易水之间，面积约四十余平方公里，是战国时期燕国的重要都城之一，且在各诸侯国都城中规模最大。自20世纪初至今百余年时间，该地出土了大量瓦当，其纹饰种类多样，制作工艺精美，文化内涵深厚，凝结和折射着当时社会文化内涵和审美意趣，为文化艺术界所关注。通过一件件瓦当，我们可以了解两千多年前燕国的建筑艺术风格以及文化风貌，窥见

燕下都瓦当艺术展室一角

[①] 艺术学院艺术展室：燕下都瓦当展室、陈文增定瓷展室和中国历代名家仿真书画展室等陈列，略据本艺术学院网页。以上各展室实物设计及撰文出自艺术学院刘宗超院长之手。

当时宫殿之壮观华美，都城之阔大宏伟，国势之雄强昌盛。

本室陈列的燕下都瓦当，由吴磬军、于军两位先生提供，系从多年集藏之千余面瓦当中精心遴选而出，基本上涵盖了燕下都瓦当的文化艺术风貌。拓片由杨旭光、于军两位先生传拓。

瓦当范具

此件范具呈圆饼状，在它的正面设计两个以半圆形为单位的相互对称的图案，纹饰为单线双兽对向，在双兽身下有两个乳钉纹，中间有一条较窄的直线。制作瓦当时，按照这条直线切割将图案一分为二，便产生了两个完全相同的半圆形图案，即两个半圆的双兽纹瓦当。此范具直径长19厘米，边轮处薄，中间厚，最厚处约2厘米。质地夹砂灰陶。

瓦当范具

瓦当范具实物拓片

双龙背项饕餮纹瓦当

此瓦当为中等规制的檐前筒瓦，瓦身长94厘米。当面、瓦身和瓦尾完整无损，其特征、纹饰清晰可辨。瓦筒身纹饰分为前中后三段，两端为三角山形纹，中间为抽象写意团龙纹。

阳文。当面底径26厘米，宽边轮，无下沿，质地夹砂灰陶。此瓦当虽属双龙背项饕餮纹构图，但在表现手法和效果上发生了变化。其一，正面饕餮在构图设计上所占比例增大，双龙所占比例缩小，尤其是饕餮的双目巨大而凸显。其二，饕餮的双角显得狭小且设计在饕餮双目

 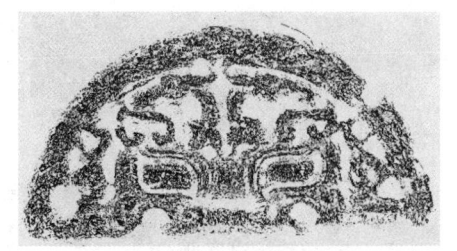

双龙背项饕餮纹瓦当　　　　　　双龙背项饕餮纹瓦当实物拓片

外眼角的上方，饕餮的阔口变得左右宽平、上下狭窄，而不再具狰狞之效果。其三，双龙身躯虽然整体相连，但在饕餮唇边转折处与其尾部相接关联不明显，同时，双龙的头、颈及身躯表现得简洁写意、圆转灵活。

陈文增定瓷艺术展室

陈文增定瓷艺术展室隶属于河北大学艺术学院，坐落在艺术学院楼内，是艺术学院学生实习实训专业场所之一。

定瓷，中国宋代陶瓷之佼佼者。自唐至元，历时数百年，产地在今河北曲阳县，因古时属定州辖区，故名"定瓷"。金宋之战，使兴旺发达的定瓷业惨遭劫祸。70 年代以来，在周恩来总理的亲自关怀下，以中国工艺美术大师、国家级非遗传承人陈文增为核心的第一代定窑人经过近 40 年艰苦卓绝的努力，将失传 800 余年的定窑绝技得以恢复并发展。

陈文增是一位学者型的工艺美术家，长期从事定窑瓷器创作设计，在定窑研究方面已取得显著成绩。其定瓷创造与诗词、书法创作相辅相成，均成独特风格。陈文增定瓷艺术展室及研究所是集定窑研究、展览于一身的综合性公益场所，是定瓷艺术成就的展示研究基地，是探讨艺术家创作规律和人文理念的学术平台。

本室陈列的每件作品都镌刻着陈大师恢复定瓷的记忆，铺展着定瓷发展的轨迹，寄托着艺术梦想、感情和力量。可以从中体味定瓷艺术的特色和成就，窥见燕赵艺术文化的博大精深。

陈文增定瓷艺术展室一角

定窑"鱼乐"盘

定窑"鱼乐"盘，规格（毫米）：96×312。创作时间：2008年。造型取平底，口部略呈外敛之状。内饰手刻鱼纹，刀法洗练。在定窑特制釉色衬示下，有"遇水游动"之美感，为不可多得之佳作。

定窑"碧荷风清"刻花瓶

定窑"碧荷风清"刻花瓶，规格（毫米）：263×151，创作时间：2011年。采用定窑细白泥料拉坯成型。其型取立状，小底，腹部曲线饱满，至颈部渐收，口放开，显出其生机勃然之状。装饰采用手刻莲纹，并附行草书，豪放潇洒。

定窑"鱼乐"盘　　　　　　　　定窑"碧荷风清"刻花瓶

中国历代名家仿真书画作品陈列室

中国历代名家仿真书画作品陈列室,隶属于河北大学艺术学院,坐落在艺术学院(C6)楼内,是艺术学院学生实习实训专业场所之一。

中国历代名家仿真书画作品陈列室一瞥

唐代孙过庭:《书谱》

此卷自古即为草书典范而享盛誉,米芾评:"凡唐草得二王法者,无出其右。"以优美的四六骈文品第古人书法,论述书体、技法及学书之道,为唐代书论代表作之一。卷面工整有度,卷中卷尾笔致畅达,用笔提按转折多变化,章法错落有致,是所谓"智巧兼优,心手双畅"的杰作。

孙过庭(648—698),富阳人,字虔礼。

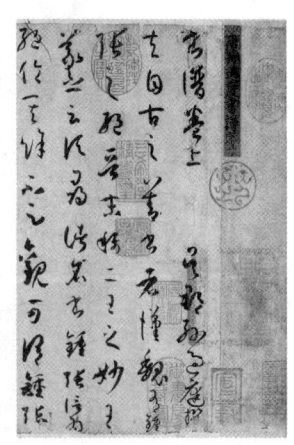

唐代孙过庭:《书谱》

唐代颜真卿:《祭侄文稿》

此卷为现存三稿唯一墨迹。内容是悼念为安禄山所害侄儿季明的祭文。用笔苍劲,悲愤忧郁之情溢于笔端。

颜真卿(709—785),山东临沂人,字清臣。书法受学于张旭,兼取法蔡邕、二王、褚遂良,古奥浑朴,去尽娟媚之习。行书以三稿最负盛名(《祭侄文稿》《祭伯文稿》和《争坐位稿》)。

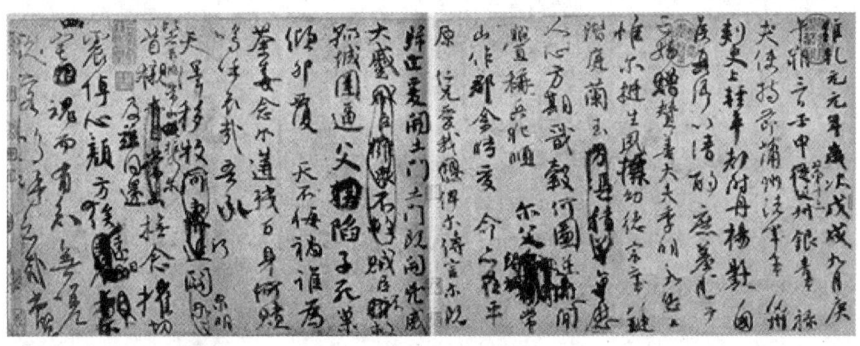

唐代颜真卿:《祭侄文稿》

唐代褚遂良:黄绢本《兰亭序》

王羲之所书《兰亭序》为唐太宗殉葬后永绝其迹,其风采仅可从摹

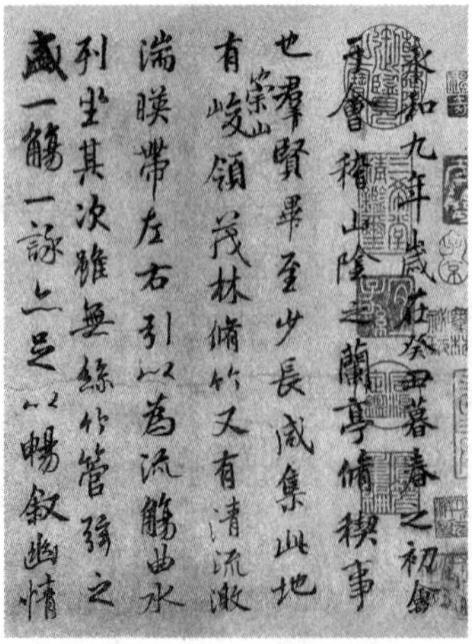

唐代褚遂良:黄绢本《兰亭序》(局部一) 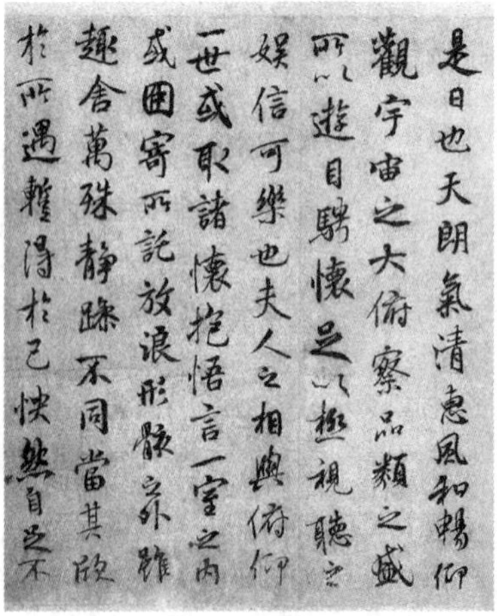   唐代褚遂良:黄绢本《兰亭序》(局部二)

本窥得。唐摹本以虞世南本、褚遂良本、冯承素本及褚黄绢本最为著名。此卷为唯一之绢本，明代诸名家题跋锦上添花，故为最重要的传本。

宋拓定武本《兰亭序》

唐太宗曾命侍臣临摹兰亭，将下真迹一等之欧阳询摹本石刻、拓本后下赐皇族功臣，传即所谓"宋拓定武本《兰亭序》"。此卷原为柯九思旧藏、故宫秘籍之一、兰亭序墨拓神品，墨色苍然，名冠古今。

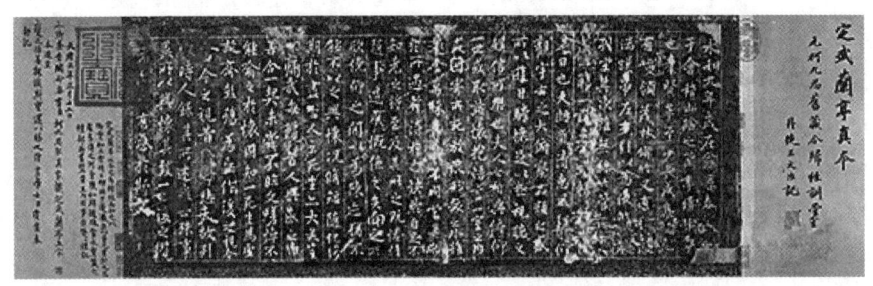

宋拓定武本《兰亭序》

宋代米芾：《蜀素帖》

此卷为米芾38岁盛年期代表作。于乌丝栏上书自咏诗八首，用笔精妙，体势遒美。卷后有沈周、祝允明、顾从义、董其昌等明代名家题跋。

米芾（1051—1107），宋四家之一。其书广汲古法，尤深得晋人遗韵。

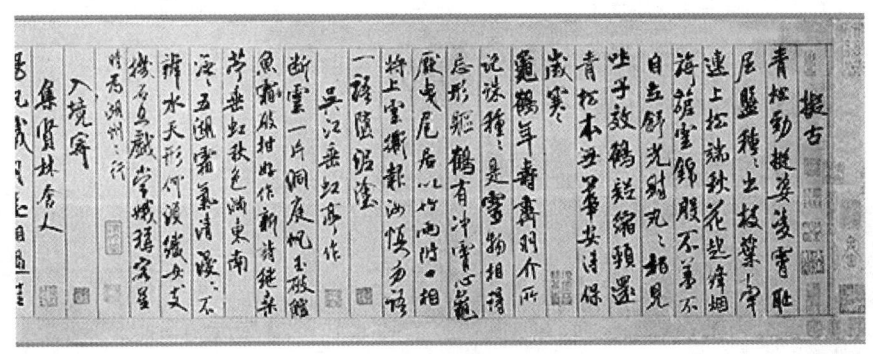

宋代米芾：《蜀素帖》

宋代文同：《墨竹图》

此轴为文同鼎盛时期杰作，竹枝栩栩如生，表现惟妙惟肖，满幅笔力雄厚，予人气势磅礴之感。

文同（1018—1079），梓潼人，字与可，号锦江道人、笑笑先生，善画墨竹，后来画竹者多宗之，称为湖州竹派。

宋代文同：《墨竹图》

宋代黄居寀：《山鹧棘雀》

宋代黄居寀：《山鹧棘雀》

此轴构图满幅，设色淳厚无华，笔法稳健中略带稚拙，有早期花鸟画装饰味的古朴画风。

黄居寀（933—993以后），成都人，字伯鸾，乃五代名花鸟画家黄荃之子，承其家学，于花鸟画创很高成就。父子画法自两宋以来，成为画院评画标准。

旭宇艺术馆[①]

旭宇艺术馆隶属于河北大学艺术学院，坐落于河北大学新校区图书馆 8 楼大展厅，面积为 750 平方米。该馆筹建于 2016 年，主要藏品包括旭宇先生书法作品 123 幅（现展出 76 幅）、旭宇先生个人收藏物品十余件以及已出版旭宇先生诗词、书法作品集若干册。

旭宇先生作为我校知名校友，曾担任中国书法家协会副主席、河北省书法家协会主席，为中国当代书法大家。旭宇先生主张学习书法不仅要师法古人，更要敢于创新。他的书法作品在深入学习传统基础上逐渐提炼出了个人独特的艺术风格，以楷书、行草书最为擅长。在楷书方面，旭宇先生提出了"今楷"的概念，对当下楷书发展具有重要借鉴意义。他的楷书有唐楷之元素，又借鉴魏碑等楷书形式，风格独特，别树一帜。旭宇先生的行草书以"二王"为根基，又掺入宋人笔意，气韵清雅，卓尔不俗。

"旭宇书法艺术馆"的筹建对传承河北大学优秀书法传统、促进书法教学水平的提高具有重要意义，同样也是提升校园文化建设的重要举措。

旭宇艺术馆（李明银 摄）

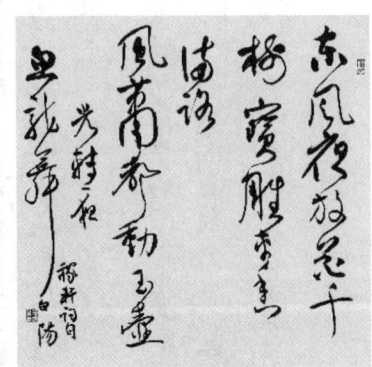
旭宇书法之一（郭占欣 摄）

① 旭宇艺术馆由刘宗超院长设计，文字由艺术学院李明银老师撰写。

旭宇书法之二（郭占欣　摄）

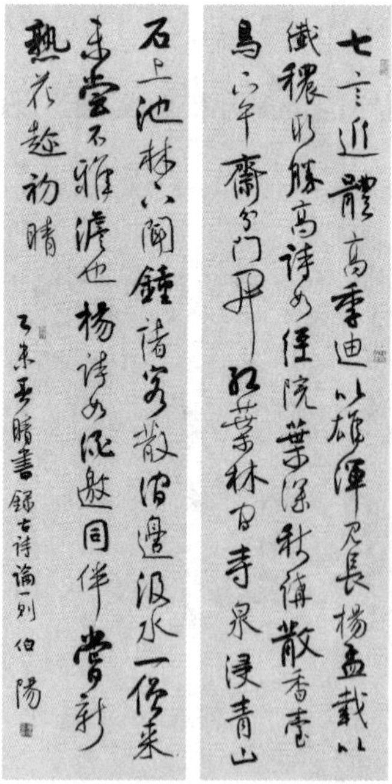

旭宇书法之三（李明银　摄） 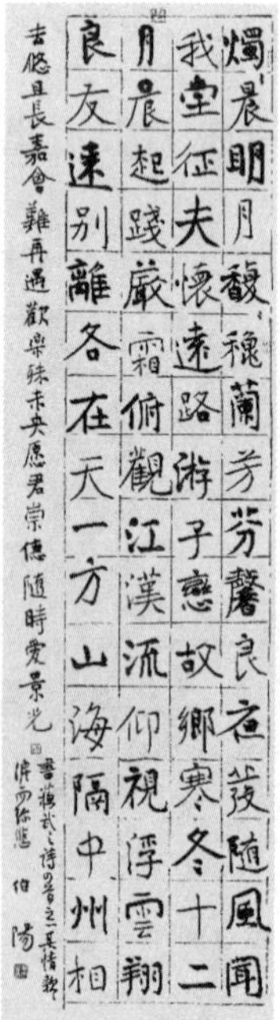　　　　　　旭宇书法之四（李明银　摄）

河北大学新校区建筑（2001—2021） 风物志

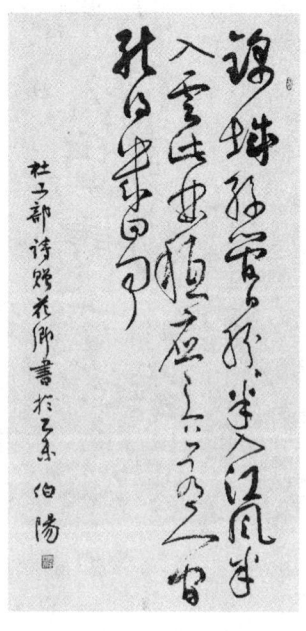

旭宇书法之五（郭占欣 摄）

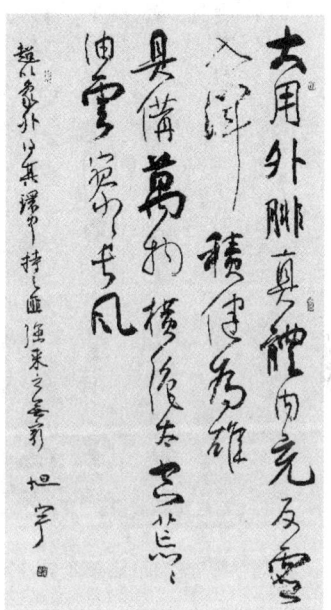

旭宇书法之六（郭占欣 摄）

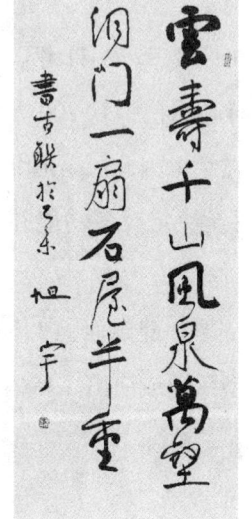

旭宇书法之七（郭占欣 摄）

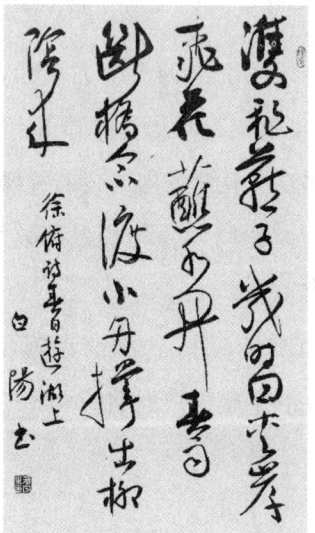

旭宇书法之八（郭占欣 摄）

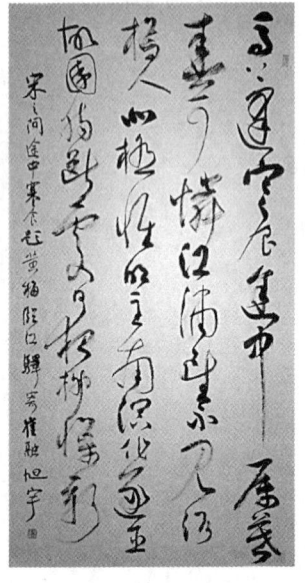 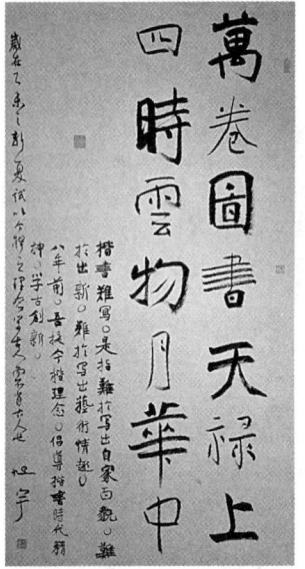

旭宇书法之九（郭占欣 摄）　　　　旭宇书法之十（郭占欣 摄）

新校区邯郸音乐厅（C6）

音乐厅于2004年3月始建，2006年6月竣工。2011年，是我校建校90年校庆，河北省邯郸市市委、市政府向我校捐款200万元，专门用于多功能礼堂的内部装饰装修，多功能礼堂也因此冠名河北大学邯郸音乐厅。2012年，学校根据教学实际需要，决定对多功能礼堂进行装饰装修。

2013年5月，学校将邯郸音乐厅改造完毕，建筑面积3108平方米，共有686个座位，现学校经常在此组织大型活动或演出。[①]

[①] 略据新校区校园管理处李永强提供材料。

河北大学新校区建筑（2001—2021） ·················· 风物志

邯郸音乐厅（即多功能礼堂）(C6)（李瑶　航拍）

邯郸音乐厅大门（C6）（郭占欣　摄）

邯郸音乐厅内景（刘海天 摄）

新校区综合实验楼（D1-D4）

综合实验楼位于河北大学七一路校区 D1-D4 座，总建筑面积 45000 平方米，其中，地上 6 层（局部 4 层），地下一层，建筑总高度 28 米。该项目被列入国家"中西部高校基础能力建设工程（二期）"，总投资概算 18495.59 万元。

综合实验楼由河北建筑设计研究院有限责任公司设计，河北建设集团股份有限公司施工，保定市建筑设计院有限公司监理，2018 年 4 月开工建设，2020 年 10 月正式竣工。2019 年 4 月，综合实验楼荣获"河北省结构优质工程奖"。

该建筑整体风格延续园区原有建筑风格设计，与园区南北主轴及已有教学楼相互呼应，为自身带来一种传承性。它以砖红色为主色调，与周边建筑色调融合，大方且有活力，局部采用白色色带，被赋予鲜活向上的现代气息。在延续校园建筑传统的基础上有所创新，采用具有现代气息的立面处理手法，笔直的竖向线条与高低错落的建筑顶部处理形成

河北大学新校区建筑（2001—2021） 风物志

新校区 D 座全景图（郭占欣 摄）

新校区 D2 教学楼（郭占欣 摄）

建筑整体积极的意向。以四个单元的建筑为主要的建筑空间，再通过结合体、连廊将各个部分组合成统一的整体，西面相对完整，浑然一体，在外环路上形成一个良好的展示面；东面相对灵活，开合有度，与东侧

综合实验楼（实拍图）

综合实验楼（效果图）

校区内部的景观与广场有机联合。各实验教学单元整体由连廊连接，两两围合，形成内庭院，整体统一又不失变化。按功能分为理科实验楼、文科实验楼、工科实验楼，学术报告厅及仪器室等附属用房，变配电室、消防水泵房、制冷机房等设备用房。

新校区国家工程实验室楼（D5-D6）

国家工程实验室楼位于河北大学七一路校区 D5-D6 座，总建筑面积 26000 平方米，地上 6 层（局部 3、4 层），建筑总高度 31.2 米，总投资概算 12808.9 万元。

国家工程实验室楼由河北建筑设计研究院有限责任公司设计，河北省第四建筑工程有限公司施工，河北顺诚工程建设项目管理有限公司监理，2018 年 4 月开工建设，2020 年 11 月正式竣工。2019 年 4 月，国家工程实验室楼荣获"河北省结构优质工程奖"。

国家工程实验室楼（效果图）

中央兰开夏传媒与创意学院教学楼（效果图）

国家工程实验室楼（实拍图）

中央兰开夏传媒与创意学院教学楼（实拍图）

该建筑整体风格延续园区原有建筑风格设计，外观与综合实验楼保持协调一致。划分两个工程实验单元，西侧通过辅助功能房间连接，东侧开敞，使内外景观连通，内部均设有中庭，天井一侧设置景观楼梯，包括新能源光电器件国家地方联合工程实验室和高分子材料与加工技术工程实验室及相关学科辅助实验室等。

游泳馆、多功能馆及风雨操场

游泳馆、多功能馆及风雨操场位于河北大学七一路校区北部运动区中间位置，总建筑面积 26680 平方米。其中，游泳馆地上一层，局部地下一层，建筑面积 7042 平方米；多功能馆及风雨操场地上二层，看台局部四层，训练馆局部三层，建筑面积 19638 平方米；两馆总投资概算 18456.32 万元。

游泳馆、多功能馆及风雨操场（效果图）

游泳馆（实拍图）

两馆于 2001 年由清华大学建筑设计研究院完成单体工程设计方案，2017 年 8 月完成初步设计方案及概算投资调整并获批复，由北方工程设计研究院有限公司进行施工图设计，河北建设集团股份有限公司施工，保定市第三工程建设监理有限公司监理，2018 年 4 月开工建设，2020 年 10 月正式竣工。2019 年 4 月，游泳馆、多功能馆及风雨操场荣获"河北省结构优质工程奖"。

该建筑共有两栋建筑单体，主要满足学校教学需求。游泳馆布置于场地南侧，以虚为主，寓意为水；多功能馆及风雨操场布置于场地北侧，以实为主，寓意为山，整个组团南低北高，形成背山面水的布置格局。游泳馆采用半椭球体，双层网壳框架结构，采用大片点支式玻璃幕墙和钛锌合金金属板的表现形式，整体简洁大气，建筑亲切感强又具有独特个性。多功能馆及风雨操场采用干挂深红色增强纤维水泥板，与校园色彩整体统一，注重体块穿插，造型新颖别致，外立面采用竖向长窗，展现建筑的宏伟和挺拔，体现体育建筑的力量感。游泳馆设有一个比赛标准泳池和一个训练标准泳池，为学校提供游泳训练和相应的活动场所；多功能馆及风雨操场为学生的篮球、羽毛球等体育活动及体育训练提供场所，比赛场地可进行一场多用，满足篮球比赛、羽毛球比赛、排球比赛、小型文艺演出、会议等多种功能。

新校区河北大学出版社（C6）

河北大学出版社（C6）（李卫鹏　摄）

新校区河北大学健康体检中心（C6）

河北大学健康体检中心（C6）（李卫鹏　摄）

新校区容大足球场

容大足球场，位于河北大学新校区科教园区西北部，由保定市人民政府投资 2.63 亿元兴建，场地 67 亩，看台面积 28193 平方米，座位 20200 个，2017 年竣工。①

---

① 略据新校区校园管理处李永强提供材料。

河北大学新校区建筑（2001—2021） 风物志

新校区容大足球场（李卫鹏　摄）

河北大学医学部、河北大学附属医院建筑

河北省职工医学院始建于1949年，初名平原省立医科学校，其后校址搬迁，与通州医士学校、保定卫校合并，1958年定名为保定医学院，后几经更名，1983年，更名为河北省职工医学院。2005年，位于保定市裕华东路的河北省职工医学院及其附属医院并入河北大学，河北省职工医学院改名为河北大学医学部，其附属医院改名为河北大学附属医院。其土地（含教育、住宅、医卫等用地）随之并入，其中原职工医学院占地152.04亩，原市卫校100.17亩，原附属医院106.4亩；此外，原市经管干校12.14亩，原保定市第二造纸厂38.7亩，以上共计409.45亩。

2013年9月医学部运动场改造项目完成；2015年8月于医学部建成的医学部教学实验大楼占地8500平方米，建筑面积17852.18平方米，地上11层，地下1层。

截止于2017年6月，医学部建筑面积185671平方米；附属医院建筑面积170078平方米。①

---

① 河北大学医学部、河北大学附属医院建筑：医学部大门、医学部教学实验楼、行政办公楼、净心楼、求真楼、精诚楼、运动场、附属医院、附属医院1号楼、附属医院心内楼、附属医院放射治疗大厅和肿瘤外科大楼等文字、数据主要由河北大学校园管理处张思齐及医学部行政处刘月起和附属医院王枫等提供。

河北大学医学部、河北大学附属医院建筑 •⋯⋯⋯⋯⋯ 风物志

医学部大门

医学部大门，位于保定市裕华东路342号院，2004年5月竣工。

河北大学医学部大门（刘海天 摄）

医学部教学实验楼

医学部教学实验楼，位于河北大学医学部南侧规划位置，占地面积约8500平方米，建筑面积17852.18平方米，地上11层，地下1层，建筑结构为钢筋混凝土结构与钢结构结合，外装真石漆，局部采用花岗岩石材幕墙。主要功能为多媒体教室、医学实验室等。作为校园的标志性建筑，本项目除了拥有园区最高建筑的体量外，在方案设计中还着意从体块间方与圆的形式对比和虚实的材质对比等方面加强其标识性。

·139·

医学部教学实验楼（刘海天 摄）

医学部教学实验楼大厅（刘海天 摄）

项目投资总概算6959万元。2014年，该项目通过了省结构优秀工程验收。项目于2014年3月5日开工，2015年8月31日竣工。

经依法招标确定该项目参建单位：方案设计单位为北京建筑设计研究院，施工图设计单位为河北省建筑设计研究院，施工单位为河北建设集团天辰建筑工程有限公司。

医学部教学实验楼奖项：河北省结构优质工程奖。

医学部行政办公楼

医学部行政办公楼，位于医学部大门内右侧，1985年1月竣工，建筑面积3606平方米。医学院和预防医学系驻此楼。

医学部行政办公楼（医学部供稿）

医学部净心楼

医学部净心楼（图书馆楼），位于医学部院内，1985年6月竣工，建筑面积3000平方米。

医学部净心楼（刘海天 摄）

医学部求真楼

医学部求真楼（综合教学实验楼），位于医学部院内，2003年5月竣工，建筑面积8514平方米。

医学部求真楼（刘海天　摄）

医学部精诚楼

医学部精诚楼（刘海天　摄）

医学部精诚楼（教学楼），位于医学部院内，1958年竣工，建筑面积5943平方米。

医学部运动场

医学部运动场，位于河北大学医学部东南部，建筑面积1.23万平方米。项目开工日期2013年7月，竣工日期2013年9月6日。

医学部运动场（刘海天 摄）

河北大学附属医院

河北大学附属医院，位于保定市裕华东路212号院。

河北大学医学部、河北大学附属医院建筑

河北大学附属医院（边林辉　摄）

附属医院1号楼

河北大学附属医院1号楼（下图居中者），位于保定市裕华东路212号院内，开工时间2013年1月，竣工时间2016年9月，建筑面积51400平方米。施工单位：河北建设集团股份有限公司。功能使用：门诊大厅、住院处、手术室、外科病房、VIP病房。该建筑荣获鲁班奖。

附属医院1号楼（王枫　摄）

附属医院 1 号楼门诊大厅

河北大学附属医院 1 号楼门诊大厅内景（刘海天 摄）

附属医院新内科楼

河北大学附属医院新内科楼，位于保定市裕华东路 212 号院内，开工时间 2013 年 5 月，竣工时间 2017 年夏，建筑面积 47330 平方米。施工单位：河北建设集团股份有限公司。

附属医院新内科楼（刘海天　摄）

附属医院放射治疗大厅

附属医院放射治疗大厅（刘海天　摄）

河北大学附属医院9号楼放射治疗大厅，位于保定市裕华东路212号院内，开工时间2001年5月，竣工时间2003年5月，建筑面积2400平方米。施工单位：保定建工集团有限公司。

附属医院肿瘤外科大楼

河北大学附属医院肿瘤外科大楼，位于附属医院北院，开工时间2006年3月，竣工时间2014年11月，建筑面积18047平方米。施工单位：保定建业集团有限公司。

附属医院肿瘤外科大楼（王枫　摄）

河北大学师生住宅建筑

1972—1978年学校开始重建校园，此间，建成教职工宿舍30351.98平方米；学生公寓10902平方米，此外还建有一些生活服务用房。

1978—1999年间，学校先后征用附近土地，新建教师住宅楼39幢，建筑面积114867平方米；其中含高职楼10幢，共400套，建筑面积38031平方米；博士楼1幢，48套，建筑面积3984平方米。

1978—1999年间，学校共建学生公寓8幢，建筑面积41707平方米，其中含留学生公寓1幢，建筑面积5923平方米。

2002年3月—2015年3月期间，在新校区坤舆生活园区建学生公寓楼13幢，坤舆学生餐厅和综合服务楼各一座，总建筑面积208222.59平方米。

2005年学校在马庄征购土地151亩，建成紫园生活区，其中多层楼共18幢，其后相继建成5座高层住宅楼，紫园小区总建筑面积178688平方米。

2005年，河北省职工医学院并入河北大学，学生公寓、食堂等建筑面积57403平方米。[1]

---

[1] 河北大学师生住宅建筑：紫园小区、校本部南院留学生公寓、校本部南院青年教师公寓、南院竹园学生公寓、南院回民食堂、南院学生浴池；校本部北院馨园学生公寓、沁园学生公寓、芳园学生公寓、茗园学生公寓、北院学生食堂、新校区坤舆生活园区、坤舆生活园区规划方案图、坤舆生活园区厚泽楼、学生公寓、坤舆生活园区综合服务楼等文字、数据由河北大学校园管理处张思齐、李永强等提供。

紫园小区

河北大学紫园小区，位于保定市东苑街 302 号大院，占地面积 100691 平方米，折合 151 亩，建筑面积 178688 平方米。该区为河北大学教职工用房。多层楼 18 座，高层楼 5 座。后勤集团承担了紫园教职工生活区开发建设任务，为大部分教职工提供了优美的居住环境。

紫园小区一角（郭占欣 摄）

校本部南院留学生公寓

留学生公寓，位于校本部南院。1997 年 7 月竣工，建筑面积 5923 平方米，投资 411.6 万元。

留学生公寓（郭占欣　摄）

校本部南院青年教师公寓

青年教师公寓（郭占欣　摄）

青年教师公寓（原学生公寓 7 号），位于校本部南院。1975 年 6 月竣工，建筑面积 3053 平方米。

校本部南院竹园学生公寓

竹园学生公寓(燕赵公寓 1 号)，位于校本部南院。2000 年 8 月竣工，建筑面积 7000 平方米。

竹园学生公寓（郭占欣 摄）

校本部南院硕园学生公寓楼

硕园学生公寓楼位于五四路校区南院东南部，北邻校园网球场，西侧为教工宿舍，南侧为 3 号教工公寓，建筑面积 24000 平方米，地上南侧16层、西侧10层，地下1层，建筑高度60米，总投资概算7766万元。

该建筑由河北建筑设计研究院有限责任公司设计，河北建设集团股份有限公司施工，河北顺诚工程建设项目管理有限公司监理，2018年4月开工建设，2020年8月正式竣工并投入使用。

硕园外观设计采用新古典与现代手法相结合的设计思路，力求庄重、简洁、典雅、大方，立面整体外装修采用真石漆，材质颜色与现有教学主楼相一致，建筑整体与周边建筑形式相协调统一。整体平面为"L"型，南侧和西侧两栋矩形主楼为板式高层，围合成院落广场。共布置宿舍425间，可满足2550名学生的住宿需求。地下设人防兼具自行车库、储藏间及变配电室、生活消防水泵房换热站等设备用房，地上主要为宿舍及配套卫生间、淋浴间、洗衣房等。

硕园学生公寓楼（效果图）

硕园学生公寓楼(实拍图)

校本部南院回民食堂

回民食堂(裴晓磊 摄)

回民食堂，位于校本部南院。1986年竣工，建筑面积524平方米。

校本部南院学生浴池

学生浴池，位于校本部南院。2001年竣工，建筑面积2275平方米。

南院学生浴池（裴晓磊 摄）

校本部北院馨园学生公寓

馨园学生公寓（燕赵公寓2号），位于校本部北院。2001年竣工，建筑面积8400平方米。

馨园学生公寓（裴晓磊　摄）

校本部北院沁园学生公寓

沁园学生公寓（裴晓磊　摄）

沁园学生公寓（学生公寓3号），位于校本部北院。1972年4月竣工，建筑面积4032平方米。沁园前篮、排球场面积5785平方米。

校本部北院芳园学生公寓

芳园学生公寓（学生公寓6号），位于校本部北院。1995年7月竣工，建筑面积4735平方米。

芳园学生公寓（裴晓磊 摄）

校本部北院茗园学生公寓

茗园学生公寓（学生公寓1号），位于校本部北院。1983年10月竣工，建筑面积5932平方米。

茗园学生公寓（郭占欣　摄）

校本部北院学生食堂

北院学生食堂（郭占欣　摄）

北院学生食堂，位于校本部北院。2004年竣工，建筑面积7785平方米。

新校区坤舆生活园区

新校区坤舆生活园区位于新校区科教园区以东，占地面积为468.62亩，计划建筑面积约32万平方米。分期进行建设，止于2017年6月，该区面积为231883.9平方米。

河北大学新校区坤舆生活园区一瞥（李瑶 航拍）

河北大学新校区坤舆生活园区规划方案图

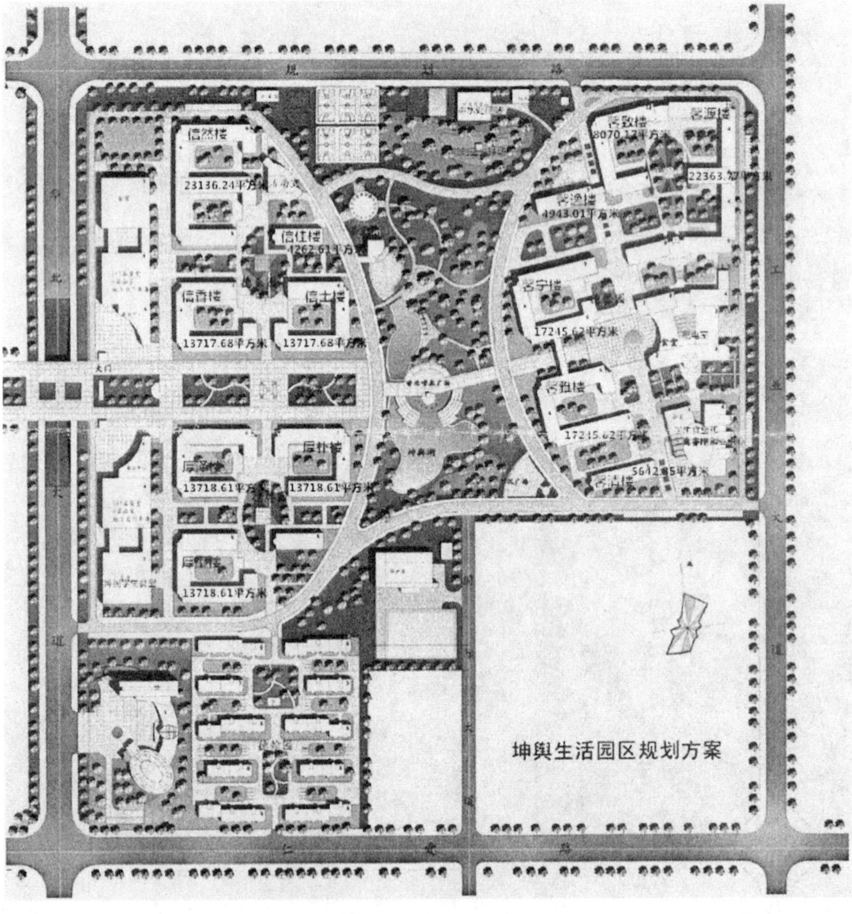

河北大学新校区坤舆生活园区规划方案图

(河北大学校园管理处供稿)

新校区坤舆生活园区厚泽楼学生公寓

厚泽楼学生公寓，位于河北大学新校区坤舆生活园区内，2002 年 3

月—2002 年 8 月建成，建筑面积 13718.61 平方米。

厚泽楼学生公寓（刘海天　摄）

新校区坤舆生活园区综合服务楼

综合服务楼（刘海天　摄）

综合服务楼,位于河北大学新校区坤舆生活园区内,2012年3月—2012年8月建成,建筑面积7971.51平方米。

综合服务楼内景(刘海天 摄)

校园雕塑及其他造型

河北大学校园雕塑以2018年新制定的刻有"实事求是"文字的石雕为主体,校本部南院教学主楼广场前有雕刻校训文字的巨石;新校区门内镌刻有"实事求是"的巨石。人物雕像主要有新校区中轴线图书馆前孔子站立铜像;校本部南院旧图书馆前的祖冲之坐姿像;教学主楼前东侧花池内有爱因斯坦半身雕像;新校区科技园区艺术学院门前右侧有田家炳石雕头像;校本部北院有女教师手托钢球坐姿石雕等。浮雕主要在校本部南院新图书馆门前的"书、和平、科技、发展"大型雕塑;南院教学主楼前西侧三根雕塑方柱以及新校区坤舆生活园区西北门内的铜铸坤舆图,其他多为校友及有关单位赠送的巨石如大理石雕"琢"及怪石等。此外,还有在新校区科技园区教学楼之间的各种图案造型制品以及位于河大南院外西北角广场内面向社会的不锈钢制大型地球仪等。

上述雕塑及其他造型大多是80年校庆或90年校庆由校友,或有关政府部门所赠,孔子铜像是2014年由香港孔教学院院长汤恩佳所赠,立于新校区中轴线图书馆前,其文化内涵不言自明……然而纵观河北大学校园,尚无一处镌刻有河北大学著名专家学者的雕像,也缺少展现河北大学厚重校史底蕴的概括性文字石刻出现。为此,我们寄于殷切的希望。[①]

[①] 略据校办、校园管理处和实际勘察所得资料。

校本部南院迎门巨石

　　河北大学南院正门内迎门巨石，长 8.3 米，宽 2.15 米，厚 0.5 米。巨石镌刻校训："实事求是"，由书法家、河北大学艺术学院院长刘宗超教授书丹。2006 年立石。

校本部南院迎门镌刻校训"实事求是"的巨石（郭占欣　摄）

新校区大门内巨石

　　该巨石，位于新校区正门内中轴线上，长 13.255 米，高 3.70 米，厚 2.02 米，是河北省邢台市人民政府于 2011 年为庆祝河北大学 90 周年校庆的赠品。巨石现镌刻校训"实事求是"，由河北大学著名校友、书法家旭宇先生书丹。

校园雕塑及其他造型 ●⋯⋯⋯⋯ 风物志

新校区大门内巨石（郭占欣 摄）

校本部南院旧图书馆广场祖冲之石雕像

祖冲之石雕像（郭占欣 摄）

· 165 ·

祖冲之石雕像，位于校本部南院老图书馆前广场。该像于20世纪80年代建。

校本部南院爱因斯坦石雕像

爱因斯坦石雕像，位于校本部南院教学主楼前东侧草坪内，由燕赵高校后勤管理有限公司赞助。

爱因斯坦石雕像（裴晓磊　摄）

校本部南院方形浮雕柱

方形浮雕柱，位于校本部南院主楼前广场西部，共三个，2001年建。

方形浮雕柱（郭占欣　摄）

新校区图书馆前孔子铜像

孔子圣像（铜铸），由香港孔教学院院长汤恩佳敬赠，2014年10月20日立于新校区南北中轴线上的校图书馆南部花园。

新校区大门内怪石

河北大学新校区学校大门内中轴线草坪上怪石，由中国工商银行保定分行赠，2011年立。

孔子圣像（铜铸）（郭占欣　摄）　　　　　新校区大门内怪石（郭占欣　摄）

新校区艺术学院门外一侧田家炳先生石雕像

　　田家炳先生雕像，香港知名爱国人士、实业家田家炳先生捐资300万港元，襄建河北大学艺术学院，为彰显其德，艺术学院以田家炳命名之，并聘之为名誉院长。田家炳石雕头像为艺术学院前院长杨文会教授之作。2006年立石。

校园雕塑及其他造型 ●⋯⋯⋯ 风物志

田家炳先生石雕像(杨志刚 摄)

新校区《母与子》复制石雕像

《母与子》复制石雕像(杨志刚 摄)

· 169 ·

《母与子》复制石雕像,坐落于 A5—A6 教学楼之间。作者为(英)亨利·摩尔。2004 年 11 月立石。

新校区教学楼间小品造型

河北大学新校区教学楼间小品很多,兹选列一二。

小品造型之一(郭占欣 摄)

小品造型之二(郭占欣 摄)

校本部北院花园内女教师石雕

女教师石雕位于校本部北院东侧花园内。

校园雕塑及其他造型　　风物志

本部北院花园内女教师手托钢球坐姿石雕
（郭占欣　摄）

铜铸坤舆图（杨志刚　摄）

新校区坤舆生活园区西北门内铜铸坤舆图

铜铸坤舆图，位于河北大学新校区坤舆生活园区西北门内。

校本部南院毓秀园北口大理石雕"琢"

大理石雕"琢"，位于河北大学校本部南院毓秀园北口处，由沧州市全体校友为庆贺母校八十年华诞而献。2001年10月立石。

· 171 ·

大理石雕"琢"之正面(郭占欣 摄)

大理石雕"琢"之背面(郭占欣 摄)

校本部南院综合楼南侧大理石雕

大理石雕，位于河北大学南院综合楼南侧，为庆贺河北大学八十华诞，由中共保定市委、保定市人民政府赠。2001年10月立石。

校本部南院综合楼南侧大理石雕（裴晓磊　摄）

校本部南院新图书馆大门廊下浮雕

浮雕6—1（裴晓磊 摄）

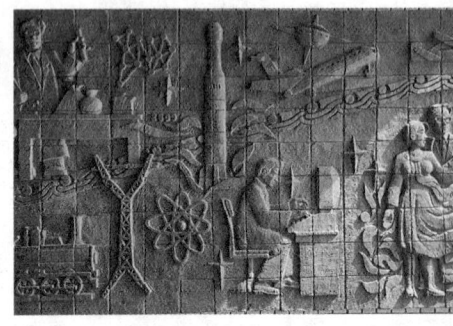

浮雕6—2（裴晓磊 摄）

浮雕6—3（裴晓磊 摄）

浮雕6—4（裴晓磊 摄）

浮雕6—5（裴晓磊 摄）

浮雕6—6（裴晓磊 摄）

河北大学校本部南院新图书馆大门廊下两侧浮雕:"书·和平·科技·发展"。设计:薛义,协作:孟东生,制作:孟东生、薛义,辅助:武龙海、田峰、宋明广、郭合太。于1991年雕塑,共6块。

校本部南院毓秀园西门内雕有"毓秀"二字怪石

此石立于毓秀园西门内。上雕"毓秀"二字,为著名书法家熊任望教授书丹。

毓秀园西门立石(裴晓磊 摄)

校本部南院西北角广场内不锈钢地球仪

不锈钢地球仪,位于河北大学南院西北角广场内,与五四路和长城北大街毗邻。2002年建。

不锈钢地球仪(裴晓磊 摄)

校园风景

河北大学重视提升校园环境质量，1998年在校本部南院建成绿化面积23600平方米，折合35.45亩的毓秀园，给学校增添了可观的绿色空间，历经20年的发展，毓秀园已是秀木参天、竹林苍翠、绿茵如织、百鸟齐鸣，集读书、休闲于一体的最佳场所。新校区科教园区，坤舆园生活区和医学部已是绿树成荫、湖水荡漾，夜景尤为壮观，环境幽雅可人，不愧是培育人才之胜地，高校优质教育园区的典型。

校本部南院景区——毓秀园

毓秀园，位于河北大学校本部南院，1997年始建，1998年建成，绿化面积23600平方米，折合35.45亩，总投资100万元。[1]

---

[1] 略据校园管理处张思齐提供材料。

毓秀园，位于河北大学校本部南院（李瑶 航拍）

毓秀园风光之一（裴晓磊 摄）

校园风景 ●·············· 风物志

毓秀园风光之二（郭占欣 摄）

毓秀园风光之三（郭占欣 摄）

毓秀园风光之四（郭占欣 摄）

毓秀园风光之五（郭占欣 摄）

校园风景　●⋯⋯⋯　风物志

毓秀园风光之六（郭占欣　摄）

毓秀园风光之七（郭占欣　摄）

毓秀园风光之八(郭占欣 摄)

毓秀园风光之九(郭占欣 摄)

校园风景 •⋯⋯⋯ 风物志

毓秀园风光之十（郭占欣 摄）

毓秀园风光之十一（郭占欣 摄）

校本部南院教师宿舍花园

绿树掩映中的校本部南院教师宿舍花园凉亭（裴晓磊 摄）

校本部南院小路（李瑶 航拍）

校园风景 ●—————— 风物志

校本部北院小路（郭占欣　摄）

新校区科教园区景观

新校区科教园区鸟瞰（李瑶　航拍）

新校区科教园区景观之一（郭占欣 摄）

新校区科教园区景观之二（郭占欣 摄）

校园风景 ● 风物志

新校区科教园区景观之三（郭占欣 摄）

新校区科教园区景观之四（郭占欣 摄）

新校区科教园区绿地（郭占欣　摄）

新校区坤舆生活园区景观

新校区坤舆生活园区湖景之一（郭占欣　摄）

校园风景 ●⋯⋯⋯ 风物志

新校区坤舆生活园区湖景之二（郭占欣 摄）

新校区坤舆生活园区湖景之三（郭占欣 摄）

新校区坤舆生活园区湖景之四（郭占欣 摄）

新校区坤舆生活园区喷泉景观之一（郭占欣 摄）

校园风景 •⋯⋯ 风物志

新校区坤舆生活园区喷泉景观之二（郭占欣 摄）

新校区坤舆生活园区喷泉景观之三（郭占欣 摄）

新校区坤舆园区景观大道（郭占欣　摄）

医学部林荫大道

河北大学医学部林荫大道（医学部提供）

附属医院景观

灯火辉煌的河北大学附属医院夜景(王枫 摄)

策划编辑：孙兴民
责任编辑：孙兴民　孙　逸　罗　玄
封面设计：徐　晖
责任校对：张　彦

图书在版编目（CIP）数据

河北大学风物志 / 吕志毅主编；张秋山，张永刚副主编 . —北京：
　人民出版社，2023.1
ISBN 978 – 7 – 01 – 024922 – 3

Ⅰ. ①河… Ⅱ. ①吕… ②张… ③张… Ⅲ. ①河北大学 – 教育建筑 – 介绍
　Ⅳ. ① TU244.3

中国版本图书馆 CIP 数据核字（2022）第 136198 号

河北大学风物志

HEBEI DAXUE FENGWU ZHI

吕志毅　主编　张秋山　张永刚　副主编

人民出版社 出版发行

（100706 北京市东城区隆福寺街 99 号）

保定市北方胶印有限公司印刷　新华书店经销

2023 年 1 月第 1 版　2023 年 1 月北京第 1 次印刷
开本：710 毫米 ×1000 毫米 1/16　印张：13.5
字数：172 千字

ISBN 978 – 7 – 01 – 024922 – 3　定价：68.00 元

邮购地址 100706　北京市东城区隆福寺街 99 号
人民东方图书销售中心　电话（010）65250042　65289539

版权所有·侵权必究
凡购买本社图书，如有印制质量问题，我社负责调换。
服务电话：(010) 65250042